Frontiers in Physics 5

フラーレン・ナノチューブ・グラフェンの科学

ナノカーボンの世界

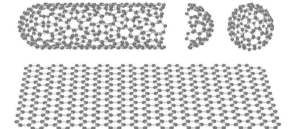

齋藤理一郎 [著]

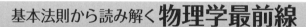

基本法則から読み解く**物理学最前線**

須藤彰三 [監修]
岡　真

5

共立出版

刊行の言葉

　近年の物理学は著しく発展しています．私たちの住む宇宙の歴史と構造の解明も進んできました．また，私たちの身近にある最先端の科学技術の多くは物理学によって基礎づけられています．このように，人類に夢を与え，社会の基盤を支えている最先端の物理学の研究内容は，高校・大学で学んだ物理の知識だけではすぐには理解できないのではないでしょうか．

　そこで本シリーズでは，大学初年度で学ぶ程度の物理の知識をもとに，基本法則から始めて，物理概念の発展を追いながら最新の研究成果を読み解きます．それぞれのテーマは研究成果が生まれる現場に立ち会って，新しい概念を創りだした最前線の研究者が丁寧に解説しています．日本語で書かれているので，初学者にも読みやすくなっています．

　はじめに，この研究で何を知りたいのかを明確に示してあります．つまり，執筆した研究者の興味，研究を行った動機，そして目的が書いてあります．そこには，発展の鍵となる新しい概念や実験技術があります．次に，基本法則から最前線の研究に至るまでの考え方の発展過程を"飛び石"のように各ステップを提示して，研究の流れがわかるようにしました．読者は，自分の学んだ基礎知識と結び付けながら研究の発展過程を追うことができます．それを基に，テーマとなっている研究内容を紹介しています．最後に，この研究がどのような人類の夢につながっていく可能性があるかをまとめています．

　私たちは，一歩一歩丁寧に概念を理解していけば，誰でも最前線の研究を理解することができると考えています．このシリーズは，大学入学から間もない学生には，「いま学んでいることがどのように発展していくのか？」という問いへの答えを示します．さらに，大学で基礎を学んだ大学院生・社会人には，「自分の興味や知識を発展して，最前線の研究テーマにおける"自然のしくみ"を理解するにはどのようにしたらよいのか？」という問いにも答えると考えます．

　物理の世界は奥が深く，また楽しいものです．読者の皆さまも本シリーズを通じてぜひ，その深遠なる世界を楽しんでください．

須藤彰三

岡　真

まえがき

　この本は，ナノカーボンという新しい炭素材料を紹介した本である．ナノカーボンとは，グラフェン，フラーレン，カーボンナノチューブという新物質をまとめて呼ぶ名前であり，いずれも新素材として注目を集めている．

　グラフェンは，鉛筆の芯の材料であるグラファイトから1層の原子層をはがして作られた，究極に薄いシート状の物質である．グラファイトはトランプのカードのように，原子の層が積み重なってできた層状物質である．層と層の間の結合は比較的弱いので，カードのように横に滑らすこともできるし，1枚だけはがしたりすることができる．こうやって取り出したグラフェン上の電子は，従来の半導体の材料をはるかにしのぐ，驚くべき性質を示したのである．グラフェンの性質を説明するには，従来の固体物理学の教科書の記述を書き直すぐらい特殊な結果が得られた．これが，世界中の科学者を虜にした．どんな性質が現れたか，またその仕組みを説明したい．

　グラフェンを円筒状または球状に丸めたのが，カーボンナノチューブとフラーレンである．カーボンナノチューブやフラーレンの直径はおよそ1ナノメートル($1\ \mathrm{nm} = 10^{-9}\ \mathrm{m}$)，ナノチューブの長さはおおよそ1ミクロン($1\ \mu\mathrm{m} = 10^{-6}\ \mathrm{m}$)で大変小さい．カーボンナノチューブの特徴として，**丸め方を変えるだけで金属にも半導体にもなる**という著しい物理的な性質がある．特にナノチューブ構造で半導体が作ることができることは重要で，従来の半導体であったシリコンにかわる，高温で動作可能でかつ柔軟な半導体材料ができることが期待されている．

　グラフェン，フラーレン，カーボンナノチューブは同じ炭素の原子層からできているので共通の知識が多い．猫とライオンが似ているようなものである．共通のことを一冊の本で説明するのは，別々に説明するより役に立つことであろう．

この本の使命は，ナノカーボンの科学がどんなものであるかを物理学の研究者が紹介する本であり，必要な知識が詳細に書かれた教科書ではない．またいろいろな知識が整理されたハンドブックでもない．本書は異国の地（ナノカーボンの世界）へ案内する旅のガイドブックである．旅のガイドブックには，現地の会話集など少し難しい記述があるが，それをマスターする必要はまったくない．どこに何が書いてあったか覚える必要もない．ページをめくって，こんなことがあるのか，と事実に驚いていただければ幸いである．科学の１つの分野の話であるが，科学とは何か？研究とは何か？を若い読者が感じ取っていただければ幸いである．また，境界領域の新しい研究テーマを探す大学院生にも，研究分野をひととおり見渡し，ホットなナノカーボンの話題を仕入れるにも役に立つことであろう．あらかた知っている中堅の研究者にも気楽に読める本を目指した．

　本書は高校生から大学院生，研究者，一般へと幅広い読者を想定した，式のあまりない本である．他の分野の人も予備知識なしで理解できるように専門用語の説明を加えた．各章のレベルは★☆のマークで示した．☆の章には大学で使う数式や知識があることを，あらかじめご容赦いただきたい．数式は，読者の好きなように読み飛ばしても良いし，章全体を飛ばして読んでも構わない．ご自由に楽しんでいただければ幸いである．

　ナノカーボンの分野は，今後も多くの研究者が参入して，非常に大きな発展が期待できる．どの世界にも共通することであるが，小さな糸口が突破口（ブレークスルーと呼ばれる）になり大きな展開につながる．特に科学の場合，小さな発見は偶然によって引き起こされることが多い．偶然を生み出す力，偶然を発見！と気づく力こそが『科学力』といえる．そうなると，若い読者はどうやってその偶然→発見→幸運を得るかを知っておく必要がある．読者がこの本を読むことによって偶然の女神，幸福をもたらす隣人を得ることを願っている．

　本書の執筆にあたり，著者らが現在進めているプロジェクトである，文部科学省の科学研究費・新学術領域研究『原子層科学』のメンバーである皆様，公益財団法人・新世代研究所（伊達宗行理事長）ナノカーボン研究会のメンバーの皆様，またフラーレン・ナノチューブ・グラフェン学会 (http://fullerene-jp.org/)

の会員の皆様から，図やコメントを多くいただいた．これなしには本書を完成することはできなかった．また，株式会社大林組から宇宙エレベータの図をご提供いただいた．身内ではあるが読者の想定年齢である大学2年の娘（杏実）から，難しい言葉や表現などの指摘をしてもらった．また編集者の須藤彰三先生，岡真先生や共立出版の島田誠氏からも有益な意見と励ましをいただいた．ここに深く感謝する．

2015年1月

仙台青葉山にて

齋藤理一郎

関連するWebページ：

著者の東北大学の研究室：
 Home Page: http://flex.phys.tohoku.ac.jp
文部科学省科学研究費新学術領域研究 原子層科学：
 Home Page: http://flex.phys.tohoku.ac.jp/gensisou/
 Facebook: 原子層科学
公益財団法人 新世代研究所： Home Page: http://www.ati.or.jp/top.html
フラーレン・ナノチューブ・グラフェン学会：
 Home Page: http://fullerene-jp.org/

本書の読み方

難易度によって章と節に ★☆ マークがついています．

★☆の数によって以下のように分類します．

★: 中学・高校生，一般の読者
★★: 大学理系2年生まで，高専，大学文系
★★★: 大学理系4年生，技術者，小中高の理科の先生
☆: 大学物理学科4年生，理系の大学院生（修士）
☆☆: 物理系の大学院生，理系の大学院生（博士）
☆☆☆: 大学の博士研究員，教授クラス

★☆の数が多い方が，前提となる知識が必要です．難しい章は読まないで，将来の楽しみとしても良いし，インターネットなどで用語を調べてみて読破されても良いです．挑戦してみてください．

本の最後に参考図書・参考文献・索引があります．脚注は言葉の補足説明です．普通の本に比べ脚注が多いので，すべてに目を通す必要はありません．本文では以下の用に論文などを引用します．ナノカーボン関連の参考文献は年間2万件あり，すべてを把握できません．著者の論文を中心に紹介しますので，論文中の文献を孫引きしてみてください．

（図書2）:	参考図書の番号（順不同）．参考図書は分類し，番号がついています．
[1]:	参考文献の番号．英語の論文で，通常の読者は不要です．
脚注[15]:	脚注の番号．余談の話や専門的すぎる脚注もあります．
(3.2):	式の番号．
（図3.2），（表3.3）:	図や表の番号．
（2章），(2.2節):	章や節の番号．

目　次

第1章　ナノカーボンの世界 ★　　1

1.1　ナノカーボンの世界 ★ 1
   1.1.1　ナノメートルの大きさ ★ 1
   1.1.2　炭素は地球を循環する ★ 2
   1.1.3　鉛筆の芯からノーベル賞 ★ 3
   1.1.4　宇宙ヨットからタッチパネルまでの応用 ★ 4
   1.1.5　ナノカーボンの形と機能 ★ 5
   1.1.6　21世紀はカーボンの時代 ★ 6
1.2　ナノテクの話 ★ 6
   1.2.1　見えない領域は未開拓だった ★ 6
   1.2.2　小さい方が有利 ★ 7
   1.2.3　ナノテクを実現するには? ★ 8
   1.2.4　ナノテクのかなめの半導体 ★★ 9
   1.2.5　もし炭素が半導体になったら? ★ 10

第2章　ナノカーボンの発見 ★　　12

2.1　C_{60}の発見 ★ 12
   2.1.1　星からのメッセージ ★ 12
   2.1.2　C_{60}と亀の甲羅の丸い理由が同じ ★ 14
   2.1.3　オイラーの多面体定理 ★★ 17
   2.1.4　C_{60}発見後の展開 ★ 17

- 2.2 カーボンナノチューブの発見 ★ 20
  - 2.2.1 捨てられた電極 ★ 20
  - 2.2.2 ナノチューブの丸め方 ★ 21
  - 2.2.3 ナノチューブ発見後の展開 ★ 22
- 2.3 グラフェンの発見 ★ 23
  - 2.3.1 セロハンテープではがす ★★ 23
  - 2.3.2 グラフェン発見の前の研究 ★ 24
  - 2.3.3 グラフェン発見後の展開 ★ 25
- 2.4 まとめ，発見するとは? ★ 25
  - 2.4.1 発見の前に発見者あり: 必然的な流れ ★ 25
  - 2.4.2 発見の重要性を説明する: プレゼンが重要 ★ 27
  - 2.4.3 予想外の結果を考える: 好奇心が科学 ★ 27
  - 2.4.4 巨人の肩に乗る ★ 28

第 3 章 ナノカーボンの形 ★　　　　31

- 3.1 グラフェンは六方格子 ★ 31
- 3.2 フラーレンの展開図 ★★ 33
- 3.3 ナノチューブの展開図 ★★ 35
  - 3.3.1 ナノチューブの分類 ★★ 37
  - 3.3.2 並進ベクトル: T ★★ 38
  - 3.3.3 対称性ベクトル: R ★★★ 39
- 3.4 多層構造 ★★ 40
  - 3.4.1 グラフェンの AB 積層 ★★ 40
  - 3.4.2 多層ナノチューブ ★★ 42

第 4 章 ナノカーボンの合成 ★★　　　　45

- 4.1 レーザーアブレーション法，抵抗加熱法，アーク放電法 ★★ .. 45
  - 4.1.1 すすからフラーレンの分離，クロマトグラフィー ★★ . 46
- 4.2 化学気相成長によるナノチューブ合成 ★★ 48

4.3	ナノチューブの分離精製法★★★	50
4.4	アガロースジェルを用いたナノチューブ分離法★★★	53
4.5	果てしなき挑戦★★★	55

第5章　ナノカーボンの応用★ 　　　　　　　　　　60

5.1	フラーレンの応用★	60
5.2	ナノチューブの応用★★	62
5.3	グラフェンの応用★★	66
5.4	安全性とコスト，課題と展望★★	67

第6章　ナノカーボンの電子状態★★★ 　　　　　　69

6.1	C_{60} の分子軌道★★★	69
	6.1.1　原子軌道を用いた分子軌道★★★	69
	6.1.2　広がった軌道を用いる方法 ☆☆☆	73
6.2	グラフェンのエネルギーバンド★★★	76
6.3	単層ナノチューブのエネルギーバンド☆☆☆	82
	6.3.1　ナノチューブの状態密度とファンホーブ特異性 . . .	85

第7章　ディラックコーンの性質☆☆ 　　　　　　　　88

7.1	ディラックコーン上の電子の質量は 0 ☆☆	88
7.2	ディラック点のエネルギーギャップは 0 ☆☆	90
7.3	ディラック電子は反磁性☆☆	92
7.4	クライン・トンネル効果☆☆	95
7.5	後方散乱の消失☆☆☆	96
7.6	ディラックコーン付近の波動関数（擬スピン）☆☆	98
7.7	グラフェンの 2 つのディラックコーンとバレースピン☆☆ . . .	100
7.8	ナノチューブでのディラックコーン ☆☆	102

x　目次

第 8 章　グラフェンとナノチューブのラマン分光☆☆　105

- 8.1　ラマン分光とは☆☆ 105
- 8.2　ナノカーボンのラマン分光☆☆ 107
  - 8.2.1　G バンド ☆☆ 107
  - 8.2.2　D バンド ☆☆ 108
  - 8.2.3　G′(2D) バンド ☆☆ 109
  - 8.2.4　RBM バンド ☆☆ 110
- 8.3　共鳴ラマン分光☆☆☆ 111
  - 8.3.1　2 つの共鳴条件☆☆☆ 112
  - 8.3.2　固体での共鳴ラマン散乱☆☆☆ 113
  - 8.3.3　2 重共鳴ラマン散乱☆☆☆ 114
- 8.4　ラマン分光の使い方☆☆ 116
  - 8.4.1　ナノチューブの構造の決定☆☆ 116
  - 8.4.2　グラフェンのラマン分光☆☆ 118

第 9 章　未来への課題★★　123

- 9.1　科学の成果のもつ意味★ 123
- 9.2　炭素を研究する分野の合流と分化★ 124
  - 9.2.1　炭素材料と化学★ 125
  - 9.2.2　ナノカーボンと固体物理学☆ 127
  - 9.2.3　固体物理から他の分野へ展開☆ 128
- 9.3　ナノチューブ・グラフェンでのディラック粒子★★★ . 129
  - 9.3.1　クライントンネリングの特殊性☆☆ 131
  - 9.3.2　擬スピンを操作する☆☆☆ 132
  - 9.3.3　プラズモニクス☆☆☆ 133
- 9.4　オールカーボンデバイス（すべて炭素でできた集積回路）★★ . 135
- 9.5　ナノチューブでできた太陽電池，発光デバイス★★★ . 137
- 9.6　原子層のサンドイッチ★★ 139
- 9.7　未来に展開する問題★★ 141

9.7.1	宇宙エレベーター★★	141
9.7.2	すべて炭素でできたパソコン★★	143
9.7.3	室温での量子現象★★★	145

参考図書   149

参考文献   155

第1章 ナノカーボンの世界 ★

　ナノカーボンは，ナノメートル（nm）の長さのカーボン（炭素）という意味である．本章では，ナノメートル（nm）はどれくらい小さいか，ナノカーボンとは何か，ナノテクで役に立つのか，物理的興味がどこにあるかなど，よく尋ねられる疑問にお答えする．また本章でかいつまんでお答えした内容は，本書の後の章でどのように発展するかを示し，本書のおおよその全体像を把握してもらう．

1.1　ナノカーボンの世界 ★

　ナノカーボンの世界にようこそ．詳しいことは後でお話しするとして，まずはナノカーボンの要点を紹介する．

1.1.1　ナノメートルの大きさ ★

　ナノカーボンは，ナノメートル（nm）とカーボン（炭素）の合成語である．1 nm は，1 m の 10 億分の 1（1 nm = 1 m/1,000,000,000）である．1 nm という極めて小さい長さを想像するために，1 m を 1/1000 に縮小する作業を 3 回行ってみる．まず 1 m を 1/1000 にすると 1 mm になる（表 1.1）．
　例えばキャベツの種が 1 mm である（図 1.1）．種の中に，30 cm の大きさのキャベツが育ち，次の世代の種を作る情報がつまっている．1 mm を 1/1000 にすると 1 マイクロメートル（1 μm）になる．細胞や細菌の大きさが 1 μm である．この大きさは光学顕微鏡なら観察できる．1 μm をさらに 1/1000 にしたのが 1 nm である．インフルエンザウイルスの大きさが 1 nm である．ウイルスは

表 1.1　長さの単位と名称

長さ [m]	記号	名称	該当するもの
10^0	m	メートル	人間，机の高さ
10^{-3}	mm	ミリメートル	キャベツの種子，糸の太さ
10^{-6}	μm	マイクロメートル[1]	細菌，細胞，光の波長
10^{-9}	nm	ナノメートル	ウイルス，遺伝子(DNA)の太さ

[1] μm をミクロンと簡単に呼ぶ場合も多い．

(a)　　　　　　　　　　　　(b)

図 1.1　(a) キャベツの種（中央のお皿にある小さい粒）．種の大きさは直径 1 mm の球形である．比較のために置いた 1 円玉の直径は 2 cm．(b) 収穫が近い結球を始めたキャベツ．著者が種から無農薬で育てた．小さな種から 3 kg を越えるキャベツが収穫できると達成感がある．

光学顕微鏡では見えないが，電子顕微鏡[1]なら見ることができる．数々の細菌を発見した野口英世が黄熱病に倒れたのは，病原体が細菌ではなく，光学顕微鏡で見ることができない黄熱ウイルスだったからである（図書 42）．これからお話する球状の C_{60} や円筒状のカーボンナノチューブ，層状のグラフェンは，人工的に合成された炭素物質であり，断面の大きさが 1 nm なので**ナノカーボン**と呼ぶ（図 1.2）[2]．

1.1.2　炭素は地球を循環する ★

近年，カーボン（炭素）というと『二酸化炭素＝地球温暖化の元凶』のように思う人が多い．二酸化炭素は，石油や石炭等の地中の化石燃料を燃やすことで発生する．しかし，地球上の炭素だけ使っている限り二酸化炭素の総量が増え

---

[1] 電子の波動性を利用した顕微鏡．高解像度の電子顕微鏡だと原子 1 個 1 個が見える．
[2] 1 nm という大きさは，原子数個並べたぐらいの大きさで，物理学では量子力学という学問が物質のさまざまな現象をよく説明することがわかっている．しかし生物と無生物のあいだのような小さなウイルスでも，量子力学だけでは説明できない．

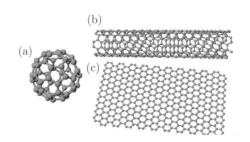

図 1.2　ナノカーボン：炭素原子でできた物質 (1)C_{60} 分子, (2) カーボンナノチューブ, (3) グラフェン．大きさが 1 nm ぐらいの直径や厚さをもつ．

ることはない．例えば，動植物は炭素を骨格とする有機物でできている．呼吸をして二酸化炭素を排出するが，光合成をして二酸化炭素を吸収するので，地球上の炭素は循環するのである[3]．

循環可能な燃料として，バーベキューなどで使われる木炭がある．木炭は木を不完全燃焼させて作る．これを**炭化**（たんか）と呼ぶ（図書 31）．魚や餅が焦げるのも炭化である．C_{60} やナノチューブなどのナノカーボンも，炭化の反応を利用して人工的に合成する（第 4 章）．今から 30 年ぐらい前に，ナノカーボンの合成方法が，別の研究中に偶然発見された（第 2 章）[4]．現在は大量にナノカーボンが合成できるようになり，さまざまな応用研究が繰り広げられるようになった（第 5 章）．

1.1.3　鉛筆の芯からノーベル賞 ★

鉛筆で紙の上に線が書ける仕組みをご存知だろうか？ 鉛筆の芯は，グラファイ

---

[3] 低炭素社会で検索可能．物理学最前線と関係ないような話に見えるが，どんな物理の最前線であっても最前線にいたる背景・歴史があることを忘れてはならない．物理学は自然科学であり，人為的でないもの（＝自然）を観察したり経験したりすることを説明する学問である．一方でナノカーボンは，自然には存在しない物質である．しかし物理的な考え方によって人為的に作られたナノカーボンも天然の物質と同様に説明できる．しかも自然界では存在できないような性質を得ることもあるのである．

[4] 発明や発見の多くは，偶然の産物である．偶然から発見すること（能力）をセレンディピティと呼ぶ．偶然は常に起こるが，そこに発見を見出すことは難しい．科学者パスツールは，『（大発見をする）幸運は備えある人にだけに訪れる．』といっている．科学は発見することであり，技術は発見したことを利用することである．科学と技術の関係は，良い種を作る会社と種を使って良い農産物を作る農業の関係に似ている．

ト（黒鉛）でできている[5]．グラファイトは，原子の層が重なった層状物質[6]である．鉛筆を紙の上で動かすと，摩擦で原子の層がずれ，線が描かれる．これはトランプで手品をするときに，テーブル上にカードを滑らして広げるようなイメージである．この原子層1層をグラフェンと呼ぶ．

　高価な天然グラファイト結晶を用いると原子1層まで，はがすことができる[7]．方法は簡単で，市販の粘着テープをグラファイトにつけ，はがすだけである．テープに何層かの原子層がつくが，テープについた何層かの原子層に新たなテープをつけ，はがす作業を繰り返すと最後には原子層1層までになる．このとき原子層の枚数は，光学顕微鏡で濃淡として観測することができる．原子1層は光を2%吸収し，2層なら2倍の濃淡の4%を吸収するため濃淡のコントラストとして観察できる（図2.7）[2,3]．一連の発見をしたガイムとノボセロフは，2010年のノーベル物理学賞[8]を受賞した．グラフェンには，人類がかつて手にしたことが無い，素晴らしい物理的な性質があったからである（第7章）．

1.1.4　宇宙ヨットからタッチパネルまでの応用 ★

　グラフェンにはどんな性質があるのだろうか？一口にいえば，従来の物理学では存在しなかった強靱さと導電性である．グラフェンは，ストッキングのように，大きく変形しても破れない．もし新聞紙大のグラフェン膜ができたとすると，理論上猫を載せることができる[9]．たった1層の原子膜で猫がのるから驚きである．この強靱さを利用して，無重力空間に巨大な帆をはり，太陽風で宇宙空間を進む「宇宙ヨット」を作る計画がある[10]．巨大な帆を地上からロケットで運ぶため，帆が軽いことが必要である．もしグラフェンで100 m四方の帆を作ったとしても，重さはたった3グラムにしかならない．宇宙ヨットを作る

---

[5] 鉛筆の芯はグラファイトの粉と粘土を混ぜて焼き固めたもの．鉛筆で検索可能．
[6] 食べるパイ生地を焼いた状態を想像するとわかりやすい，層にはがれやすい構造である．鉱物では雲母（うんも）などが層状物質である．
[7] 鉛筆に使うグラファイトは，一つひとつの結晶が小さくまた結晶性が悪いので原子1層まではがすのは難しい．
[8] http://www.nobelprize.org がWebページ．毎年10月上旬の受賞者の発表のときには世界中が注目する．2014年は青色発光ダイオードの発見で，赤崎・天野・中村の3氏がノーベル物理学賞を受賞した．
[9] http://www.nobelprize.org/nobel_prizes/physics/laureates/2010/illpres.html 猫は2010年のノーベル賞のポスターの絵にも描かれている．
[10] 宇宙ヨット，太陽帆，Solar sailで検索可能．JAXAがIKAROSという実証機を打ち上げている．

研究者にとってグラフェンは，おとぎ話の天女の羽衣のようだが，現在はまだ大きなグラフェンは作れないので，今後の技術革新が必要である．

グラフェンのもう1つの特徴は電気を非常に良く流すことである．グラフェン中で電気を流す電子（自由電子）は，秒速 1000 km の猛烈な速度で動く（第7章）．これはスマートフォン（スマホ）のタッチパネル（透明な導電パネル）などに応用可能である（第5章）．現在のタッチパネルは，稀小金属（インジウム）が用いられていてその輸入価格は近年急騰している[11]．グラフェンを用いたタッチパネル開発は社会の要請として高い．

1.1.5　ナノカーボンの形と機能 ★

グラフェンは原子1層でできた平面状物質である．たとえるなら海苔である．海苔を海苔巻のような円筒状（細い線）にすればナノチューブ，またおにぎりのように球状（小さい点）にすれば C_{60} である（図1.2，第3章）．ナノカーボンは C_{60}，チューブ，グラフェンと多彩な形をもつので，それらを組み合わせた応用も考えられる．例えば，ナノカーボンだけでスイッチ（点）や回路（線）を作り，集積回路（面）を作ることができる．集積回路を作るにはシリコンで作られた半導体が必要だが，ナノチューブには円筒の巻き方によって金属にも半導体にもなる特徴があるから，あらゆる部品を炭素だけで作れる（9.2節）．さらにシリコンなど従来の半導体材料と比べ，ナノカーボンは透明で，高温かつ高速で動作する点で優れている．

またナノチューブや C_{60} の内部は空っぽ（真空）であり，いろいろな物質をいれる空間として利用することができる．例えば，ナノチューブ内部に，分子を多数入れて熱すると，分子どうしが手を結び鎖状の高分子が効率よくできる（4.2節）．このようにナノカーボンの応用は無限で，アイデア勝負の世界である（第5章）．ナノカーボンの性質を理解する物理学や化学の進歩は著しいが，いろいろな方面への実用化にはまだ時間がかかりそうである[12]．

---

[11] 透明電導膜，ITO（酸化インジウムスズ）で検索可能．ナノチューブを用いたタッチパネルは海外では実用化されている（2013年現在では1千万台を越えるスマホに用いられた）．このように社会の要請からナノチューブ研究が急ピッチで加速している．

[12] 科学の発見が優れていても，それを応用し製品に作るには，(1) 資金，(2) 安全に関する法律や制度，(3) 原材料の調達，(4) 市場の開拓，など多くの困難が伴う．こういう困難な状況を，『死の谷』，『ダーウィンの海』と呼ぶ．死の谷を渡り，科学を技術につなげるには，社会の認識，政策が必要であり，科学者は説明責任，技術者は実行力を伴うことが必要である．

1.1.6 21世紀はカーボンの時代 ★

ナノチューブの可能性は，多岐にわたる．ナノチューブを束ねると縄になる．稲藁（わら）から縄をなうように，藁と藁の摩擦力だけで強靱な縄ができる．ナノチューブで縄を作ると，鋼鉄ワイヤーの百倍の強度（同じ重さあたり）になる．これを利用して，人工衛星と地上をナノチューブで結ぶ『宇宙エレベータ計画』がある（9.7.1項）．宇宙に人や物をロケットより簡単に運べるようになる．芥川龍之介の『蜘蛛の糸』のように天から糸を垂らして人間を持ち上げる話が物語ではなくなるかもしれない．またナノチューブは，金属よりも熱伝導性が高いので，熱を外に逃がす材料にも使える．ボーイング787機体は軽量化のために総重量の半分が炭素繊維でできている．プラスチックなどに炭素繊維を混ぜると，軽くて強い材料（複合材）ができる（5.2節）．炭素繊維をナノチューブにすると，より高機能の複合材が期待できる．現在炭素繊維は年間10万トン生産されるが，将来はより細く，柔軟で強靱なナノチューブに置き換わるであろう．かつて青銅器，鉄，シリコンの時代があったように，21世紀はカーボンの時代といわれている（図書45）．

1.2 ナノテクの話 ★

次に，ナノテクノロジー（ナノテク）とは何か，また利点と困難な点について説明する．

1.2.1 見えない領域は未開拓だった ★

1950年代までは，ナノの世界の研究はなされなかった．これは顕微鏡の性能によるものである．光学顕微鏡で見ることができる大きさは$1\mu m$である．これは，可視光の波長が大体$1\mu m$ということと関係する．可視光の波長より小さい物質に光を当てても，光が物質のまわりを回折するので，物質の形がボヤけて見えない[13]．光よりもっと波長の短い電子波[14]を用いた電子顕微鏡なら，

[13) 波は波長と同じぐらいの大きさのまわりでは，回折（曲がること）や散乱するので，波が遮られた部分（影または像）がはっきり見えない．体の中の細かい構造を見るために，超音波の反射を利用するが，このとき超音波の波長が短い方が像の精度が良いことがわかっている．

[14) 電子は，粒子と波の性質を同時にもっている（電子の波動性）．電子の波長は，ドブロイ波長と呼ばれ電子の運動量に反比例した波長をもつ．10,000Vで加速した電子のド

もっと小さいものを見ることができる．

例えば携帯電話の中で使われる振動用モーターは直径4mmである．モーターに使われる部品は，この1/10, 1/100の大きさであるがまだ1μmより大きいので，拡大鏡やTVカメラを用いて組み立てることができる．しかし1μmより小さい部品が必要になっても，顕微鏡を用いても見えないので，部品を作ることも，組み立てることもできない．このように1μm = 1000 nm以下の，100 nm, 10 nm, 1 nmと3桁の長さにわたって，かつて人間はいかなる物を作ることができなかったのである．一方自然界では，DNA，たんぱく質，ミトコンドリアなど，細胞の構成要素が1-1000 nmの大きさで存在する（図書42）．もしnmの領域で，人間がある意図をもった形を作ることができれば，未踏の領域で科学や技術の発展が期待できる．

1959年12月29日に，リチャード・ファインマン[15]は，このような話をカリフォルニア大学での講演し，『（見えない）底（そこ）にはたくさんの（研究の）余地がある[16]．』とまとめた（図書39）．この講演が，現在のナノテクの始まりであるといわれている．ナノテクの仕組みを理解し，創造的な応用を実現するためには本書のシリーズ名である，物理学最前線の研究が不可欠であることは言うまでもない．

1.2.2 小さい方が有利 ★

ナノ構造は何が利点だろうか？一寸法師は体が小さいために，お椀の船，箸の櫂で京都に行き，鬼の体に入って退治した．この物語の中に，質問に対する答えがすべて含まれている．

小さいロボットを作れば，いままでできなかったことができる．10 mmの大きさの小さいロボットを飲み込んで，ロボットが胃の中を動いて内部の写真を

ブロイ波長は，0.012 nmである．電子顕微鏡では100 kVぐらいに加速した電子を用いる．

[15] http://www.feynman.com/, R. Feynman, 著名な物理学者だけであるだけでなく，いろいろ興味深い著作を残した．http://www.archives.caltech.edu/ にアーカイブがある．

[16] 元の英語は簡単である．There's plenty of room at the bottom. 予言は具体的であってはならない．未来になって，具体的なことが当てはまるのである．例えば，たゆまぬ努力は素晴らしい出会いをもたらし，いかなる失敗に対しても不屈の精神で困難を克服すれば，偉大な成果をもたらすであろう，と予言して当てはまらないことはない．

表 1.2 ナノテクの利点と課題：小さいものを作ると何が有利か？

ナノテクの利点	効果	応用例
消費電力が小さい	環境・経済	発光ダイオード
信号が速く伝わる	高速・大量	集積回路, 無線 LAN
複雑なことができる	規模・性能	スマホ, タブレット
ナノテクの課題	必要なこと	具体例
作るのが難しい	技術の習得	大規模集積回路 (LSI)
作る方法の開発	装置の開発	微細加工装置, ソフトウエア
作る原理の転換	科学の理解	半導体工学, 量子力学

撮り電送する，という技術は実用化している[17]．この大きさを $1\,\mu m$ にすると，毛細血管（直径 $1\,\mu m$）の中を自由に動くロボットができる．さらに大きさを $1\,nm$ にすると，細胞膜に開いた小さな穴（直径 $10\,nm$）を通って自由に動くロボットができる．まさかそんなに小さいロボットはできないと思うかも知れない．しかし技術の進歩には不可能という答えはないのである．

パソコンの中心部分 CPU[18]の消費電力は，近年どんどん減少し，逆に処理能力はどんどん増加している．これは，CPU の中で，スイッチをオンしたりオフしたりする演算[19]を高速で行っているトランジスターの大きさが小さくなったからである．小さくする利点は (1) 電流をたくさん流さなくても動作（省電力），(2) 信号が早く伝わる[20]（高速）．(3) 集積回路の集積度があがり複雑なことができる，などがある（表 1.2）．その顕著な例がスマホである．ナノテクのすべてがつまっている．もし，使っているトランジスター（メモリー）などの素子（そし）の大きさを仮に 1/1000 にしたら，現在より 100 万倍の数の素子がスマホにはいるので，想像もできないほどのことができるようになる．

1.2.3 ナノテクを実現するには? ★

先述した近未来の世界は，21 世紀になってから急速に展開し，スマホを年間 1 億個を売る巨大な市場が開発を後押ししている．このようなナノテクを実現するには，開発費，市場などの社会資本や需要が必要である．

お金があって，ナノテクを実現するには，(1) ナノの大きさのものを作る材料，

---

[17] カプセル内視鏡で検索可能．NORIKA というロボットがある．
[18] central processing unit, 中央演算処理の部品 CPU で検索可能．
[19] 足し算，掛け算，AND や OR などの論理処理を演算という．
[20] 電線を信号が伝わる速度は光の速さの 2/3 ぐらいなので，回路が小さいほど高速動作が可能．

(2) 作る道具, (3) 新しい科学が必要である (表 1.2). (1) のナノ材料は, 100 種類弱の元素の中から選ぶ必要があるが, 現在原子を 1 個 1 個並べて物質を作ることはできないので, 物質がある特定の条件で形を作るような性質をもっている必要がある. 例えば炭素は, いろいろな条件で C_{60} になったりナノチューブになったりする. 一般にひとりでに構造ができることを**自己組織化**という. 自己組織化の最たるものは, 生命である (図書 42). 多くの細胞が分裂を繰り返し, 自己組織化によって 1 つの生命を作り, ご飯を食べ, この本を買って読む読者ができる. 素晴らしいことであり, ありがたいことである.

ひと度ナノ材料ができれば, 次に大工さんが家を作るようにさまざまな (2) の作る道具が必要になってくる. 現在の科学がいくら進歩したからといって, 道具が揃っているわけでない. 同じ概念であっても大きさが違えば使えないのである. 例えば, ショベルカーではビールの栓は抜けないし, 耳掻きでは畑は耕せない. 一寸法師がお椀や箸を船として使ったように, ナノ材料の大きさにマッチした道具を作る必要がある.

(3) のナノ科学が必要なのは, 少し説明が必要である. 例えば, 金塊は金色をしている. 砂金の大きさにしても金色であることは変わらない. しかし, 金の粒を光の波長以下の nm の大きさにしてガラスに溶かし込むと見事な赤色に変わる[21]. これは, 金の中にいる電子が光に対してどう振る舞うかが, 金の粒がナノの大きさになると変わるからである. ナノの世界では, 電流の流れ方も大きく異なっている[22]. 単に光の散乱や電気伝導などの物理の現象をナノまで縮小しても説明できないのである (図書 5). 新たにナノの大きさでの科学, ナノサイエンスが必要である[23].

1.2.4　ナノテクのかなめの半導体 ★★

ナノ材料としてとても重要なものが, 半導体である (図書 5). 半導体とは, 1 方向に電流を流すことを目的にした材料であり, お醤油の瓶のようなものであ

---

[21] 金コロイド, 金ナノ粒子で検索可能. 高級なワイングラスは, 赤色が使われている. レストランで, このグラスの赤い色は金のナノ粒子だと言えば, 『言い方次第では』格好良い. 漆塗りの装飾で使われる金箔の厚さは 100 nm ぐらいだが, すかしてみると赤く見える.
[22] 電圧 V と電流 I が比例するオームの法則: $V = RI$ (R: 電気抵抗) が成立しない.
[23] 20 世紀の初頭に, 原子や原子核の大きさの物理を説明するために, 量子力学が多くの研究者によって研究された状況 (図書 44) と同じである.

る[24])．瓶には，適量の醤油をかけたり，滴れずに止めたりするための工夫がある．半導体が瓶なら，お醤油に相当するものが電子である．電子が動けば（止まれば）電流が流れる（止まる）．瓶を傾けることは，半導体をはさむ2つの電極[25]の間に電場[26]をかけることである（5.3節）．電子には電場に比例した力がかかるので，大きな電場をかけた方がより大きな電流が流れるが，電力の消費も大きくなる．

トランジスターと呼ばれる半導体の素子[27]では，醤油瓶を一定に傾けた状態で，もう1つゲート（門）と呼ばれる電極をつけ，この電極に負の電圧をかけると負の電荷をもった電子が近づけなくなることを利用して，電流を調節できる（5.3節）[28]．

nmの大きさでトランジスターを作ると，(1) 流れる総量が少ないので消費電力が小さくなる，(2) 同じ傾き（電場=電圧/長さ）を作るのにかける電圧は少なくても良いので電力消費が少ない，(3) 電子が2つの電極間を進む時間（信号が出るまでの時間）が短くなる，という利点がある[29]．

1.2.5 もし炭素が半導体になったら？ ★

半導体でできた製品として，LED（発光ダイオード），トランジスターと回路を埋め込んだIC（集積回路，大規模なのはLSI）がある．道路の信号機は最近LEDで作られている．LEDは白熱電球に比べ消費電力が少ないので，これによる1つの都市での電力節減は，変電所1個分にもなる．スマホの中を開け

---

[24] この説明は半導体という物質の正確な定義ではない．使われる半導体の性質を示した．
[25] ソースとドレイン電極．ソースは源（source）の意味であって，中濃ソースのソース（sauce）ではない．ドレイン（drain）は流しの排水口を意味する．つまり電流はソースから出て，ドレインに流れ込む．
[26] 電界ともいう．単位は V/m 単位長さあたりの電圧であり，電圧（正しくは電位）の傾き．傾きを大きくすれば，より多くの電流が流れる．
[27] 電流の入力と出力がある装置．例えばスイッチや増幅回路など．出力を制御するもう1つの入力が必要である．
[28] 醤油瓶は，出口はいつも開いている状態で傾けるだけで醤油が出る仕組みになっている．これは，止めるときに醤油が垂れる危険性があるが，サイフォンの原理を利用して防いでいる．ソース瓶の場合には，粘り気（粘性）が強いので，この仕組みを使うことが難しい．あるソース瓶は出口に，スライドする金属板をつけて流量を調整しているものがある．これはゲート電極と同じ原理である．最近は，使い過ぎを防止するためにスプレー式の醤油瓶もある．
[29] 使用する醤油を抑えることができる．電気信号が進む速度は光速の2/3ぐらいである．この速度は電子が運動する速度より非常に速い．しかし信号が伝わる時間は瞬時でなく有限の値を取る．

ると，LSI が 1 個入っている．液晶ディスプレイを動作させるのも IC である．電車の速度をコントロールするのもサイリスタと呼ばれる半導体である．電気製品で半導体の使われていないものは，現在ほとんどない．

このほとんどの半導体は，Si（シリコン）でできている．周期表で IV 族の元素である．半導体が最初に使われ始めたころは，同じ IV 族の Ge（ゲルマニウム）が用いられたが，やがて Si に取って代わられた．Ge でできた半導体は Si 半導体に比べて性能は良いが，電流を流して温度が上がると簡単に壊れてしまうからである[30]．現在の Si 半導体は手で触れないぐらい熱くなっても壊れないが，ホットケーキが焼ける温度では壊れる．Si 半導体でも冷やす必要がある．

もし炭素で半導体ができれば，冷やす必要はない．グラファイトの融点は 3000 ℃ 以上（物質中最高）であるから耐熱性が高いからである（図書 30,31）．しかし代表的な炭素物質のグラファイトは，よく電気を流す金属であり，炭素の同素体であるダイヤモンドは絶縁体だった．ナノカーボンの発見によって，炭素でも半導体の材料ができるようになった．次の章でその話をしよう．

―― ティータイム ――

趣味で家庭菜園をしている．大学院生ぐらいからだからもう 30 年はやっている．仙台に来てからそれほど広くない庭が畑になっている．小さい畑ながら春から秋にかけていつも野菜がとれ，実益も大きい．夏になるとご近所に配るぐらい収穫できる．毎年，うまく育った野菜もあれば全滅する野菜もある．しかし経験を積むことで毎年うまくなっているように感じる．研究と野菜作りは大変似ている．自然相手，生き物相手の仕事であり，毎年行っても決して飽きることはない．研究室の大学院生も野菜に見えてくるときもあるから不思議である．

---

[30] 現在でも，速度を競うような計算機では，Ge 半導体をビンビンに冷やして使っている．

第2章 ナノカーボンの発見 ★

ナノカーボンは，偶然に発見された．科学の発見では，研究者がある目的を持って実験や計算を重ねる中で，想定外の発見に出会うことが多い．発見の前には，その結果を得たのが必然だったような歴史があり，発見の後には発見者の知らない展開がある．本章では，C_{60}，ナノチューブ，グラフェンの発見を紹介し，科学がどのように進歩するかを説明する．

2.1　C_{60}の発見 ★

球状の多面体分子，C_{60}は，1985年に発見された[1]．この発見は，ベンゼン以来の化学の大発見であった．

2.1.1　星からのメッセージ ★

高度5000 mを越える高地にいくと，空を遮るものは何もない．夜には満天に無数の星が光り輝いている．それぞれの星からは，長い歳月を経て地球に光が届く．この光に含まれる波長を調べるといろいろなことがわかる．光を，その波長で分けて観察することを分光学[1]と呼ぶ．分光学を用いて，ある星にはどんな物質が存在するかということがわかる．

地球に存在する物質に光を当てて散乱する光を分光すれば，その物質からの光の性質がわかるので，星からの光と比べることで星に存在する物質の種類や量がわかる[2]．ところが，いくつかの星からの光は，地球のいかなる物質とも

---

[1] プリズムで日光を7色に分けた経験があると思う．経験がない人も虹を見たことがあると思う．白色の光は存在せず，いろいろな色の光が混ざってできている．プリズムや回折格子を通過した光は，光の波長によって進行方向が異なるので分光に用いられる．

[2] 星と地球の間の，星間物質も観測されるので注意が必要である．

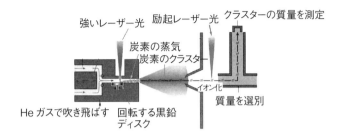

図 2.1　炭素クラスターを作る装置．強いレーザー光を黒鉛（グラファイト）に当て，炭素を蒸発させる．He ガスで蒸気を吹き飛ばすと急速に冷却し炭素クラスターができる．これを別のレーザー光でイオン化して質量を選別してクラスターの質量を測定する．

一致しない光があった．科学者は，以下の疑問をもった．

Q1: その未知の物質は何か？ それをどうやって調べるか？

　遠い星に存在する未知の物質を検証するためには，星の環境を想定し地球上で同じ物質を作ればよい．1985 年に，英国の科学者クロトーは，未知の物質を作るためにアメリカのスモーリーの研究室を訪れた．スモーリーの研究室では，グラファイトに強烈なレーザー光を当てて，グラファイトを蒸発させる実験装置をもっていた（図 2.1）．蒸発した炭素原子は，真空中で急冷することで人工的に物質を合成することができる．炭素原子どうしが化学結合して『かたまり』（クラスター）を作る．もし『原子を米粒』だと思ったら，『クラスターはおにぎり』である．炭素原子でできたクラスターを『炭素クラスター』と呼ぶ．彼らの装置は，人工的に炭素クラスターを作る装置であった．クロトーは，蒸発させて作ったさまざまな炭素クラスターの中に未知の物質がないか探したのである．

　炭素クラスター 1 個が何個の炭素原子でできているかを測定したところ[3]，60 個という数が他に比べて非常に多いことを見出した．60 個のクラスターの次に多いのが 70 個のクラスターであることもわかった．この発見は，クロトーが予

---

[3] 1 個のクラスターに原子が何個あるかは，かたまりの重さを測り，原子 1 個の重さで割ればよい．かたまりに電荷を与えイオンにして，電圧で加速し，磁場中で進路を（ローレンツ力で）曲げたとき，進路の半径は電荷に比例し，重さに反比例する．この原理を利用して重さを測ることができる．この装置を質量分析器と呼ぶ．

期したことではなかった[4]．この予期しない結果は，研究者の好奇心を駆り立て，以下の疑問をもった．

Q2: なぜ炭素原子は 60 個のクラスターになるのか? どんな形か?

60 個が非常に多いのは，60 個の炭素クラスターが他の数のクラスターに比べ，エネルギー的に安定であるからと考えられる．また，60 個のクラスターが多いところを見ると，60 個で決まった形をとるに違いない．しかし 60 個の炭素原子からなる決まった形とは何であろうか?

その答えは，サッカーボールの形というものであった[5]．サッカーボールの形は，6 角形と 5 角形からできていて頂点の数の和は 60 個である．形は球に近く，非常に対称的であり分子として安定していると期待できる．彼らは，その直感が正しいと確信し，サッカーボールを買ってきて芝生に置いて写真を撮り，大胆にもその写真を発表論文 (Nature) の図 1 として使った [1]．この発見でクロトー，スモーリー，カールの 3 名が 1996 年のノーベル化学賞を受賞した．

2.1.2　C_{60} と亀の甲羅の丸い理由が同じ ★

2.1.1 項の C_{60} 分子発見より前の歴史を遡って見よう．1970 年に大澤映二は C_{60} 分子を考え，C_{60} 分子の存在を予想していた [4]（図書 10）．さらに 1967 年に，建築家のフラー[6]はモントリオール万博で，巨大な球状のドームを建築した．フラーは球状のドームは，6 角形だけでは作ることができないことを知っていた．どこかに 5 角形をいれないといけない．なぜなら 6 角形の内角が 120°で 6 角形を 3 つ合わせると，360°になるため平面の構造しか作れないからである（図 2.2）．これに内角が 108°の 5 角形を入れると，内角の和が 360°より小さくなるので，凸の構造になる．例えば，亀の甲羅には 5 角形の甲羅が 2 つあ

---

[4] クロトーが狙っていたのは，炭素数が 10 程度のクラスターであった（講談社ブルーバックス『ナノカーボンの科学』篠原久典著，当事者でもあるこの本の著者が研究者から直接聞いた話で構成されていて，非常に正確な描写であり科学者の興奮が伝わる．一読をお勧めする）．

[5] スモーリーが深夜に形を考えているとき，冷蔵庫にビールを取り出したときにアイデアが湧いたそうである（上記『ナノカーボンの科学』より）．

[6] リチャード・バックミンスター・フラー，Richard Buckminster Fuller, 1895-1983. フラーの業績を知った科学者は，C_{60} のような閉曲面の分子の総称を，フラーレン (Fullerene) と呼んだ．最後の ene エンは 2 重結合がある分子，例えばエチレン，プロピレンなどにつけられる接尾語である．

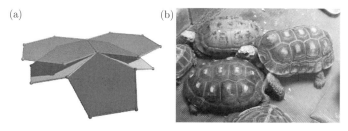

図 2.2 (a) 6 角形の内角は 120° なので，6 角形 3 個では平面しかできない．5 角形の内角は 108° なので，6 角形 2 個と 5 角形 1 個では，丸まった形ができる．(b) 亀の甲羅は，前と後ろに 1 つずつ，合計 2 個の 5 角形がある（著者が仙台市八木山動物園で撮影）．

り甲羅が丸くなっている．

　一般に多角形からできる閉曲面（球のような端のない曲面）を多面体という．特に 1 種類の正多角形（正 3 角形，正方形，正 5 角形，…）からできる多面体を，正多面体またはプラトンの多面体と呼ぶ（表 2.1）．プラトンの多面体は正 4 面体，正 6 面体（立方体），正 8 面体，正 12 面体，正 20 面体の 5 種類である．これを拡張して，辺の長さが同じ 2 種類以上の正多角形（例えば正 3 角形と正方形，正 5 角形と正 6 角形）からできる多面体を，アルキメデスの多面体（または半正多面体）と呼ぶ．アルキメデスの多面体は 13 種類ある[7]．アルキメデスの多面体はプラトンの多面体を切ったり削ったりすることでできる．その 1 つの例が，各頂点を切る（切頭）という方法である．

　例えば正 4 面体は，3 角形 4 つからなり各頂点から 3 つの辺が出ている．1 つの頂点を切ると断面は 3 角形になり，すべての頂点を切ると元の 3 角形は角がとれるので 6 角形になる．断面の 3 角形と 6 角形の辺を等しくなるように頂点を切ると，正 3 角形と正 6 角形からなるアルキメデスの多面体ができる．この場合のアルキメデスの多面体を，切頭 4 面体[8]と呼ぶ．5 つのプラトンの多面体から 5 つの切頭多面体ができる（表 2.1）．

　特に正 20 面体は，3 角形 20 個からなり各頂点から 5 つの辺が出ている．1 つの頂点を切ると断面は 5 角形になり，すべての頂点をきると元の 3 角形は角が

---

[7] 1 つの頂点を共有する正 n 角形の数 n で表示すると，$3\cdot 6\cdot 6$，　$3\cdot 8\cdot 8$，$4\cdot 6\cdot 6$，$3\cdot 10\cdot 10$，$5\cdot 6\cdot 6$，$3\cdot 4\cdot 3\cdot 4$，$3\cdot 5\cdot 3\cdot 5$，$3\cdot 4\cdot 4\cdot 4$，$3\cdot 4\cdot 5\cdot 4$，$4\cdot 6\cdot 8$，$4\cdot 6\cdot 10$，$3\cdot 3\cdot 3\cdot 3\cdot 4$，$3\cdot 3\cdot 3\cdot 3\cdot 5$，の 13 種類がある．最初の 5 つが切頭多面体である．
[8] せっとう 4 めんたい．truncated tetrahedron．脚注[7]の表示では $3\cdot 6\cdot 6$ である．

表 2.1 正多面体（またはプラトンの多面体．1 種類の正多角形からなる多面体），切頭多面体（または切頂多面体．正多面体の頂点付近を切り取り，残った部分が正多角形になる多面体），辺の長さが同じ複数の正多角形によって構成される多面体をアルキメデスの多面体（または半正多面体）と呼ぶ．5 種類ある切頭多面体は，13 種類あるアルキメデスの多面体の一部である．C_{60} の分子構造は切頭 20 面体と同じ形であるが，6 角形が正 6 角形ではない．切頭多面体の場合には，$v = g/3, e = g/2$ の関係がある．いずれの場合にもオイラーの多面体定理 (2.1) を満たす．図は上の列が正多面体，下の列が切頭多面体である．

正多面体	g (正多角形 × 数)	v (頂点の数)	f (面の数)	e (辺の数)
正 4 面体	3×4	4	4	6
正 6 面体	4×6	8	6	12
正 8 面体	3×8	6	8	12
正 12 面体	5×12	20	12	30
正 20 面体	3×20	12	20	30
切頭多面体	g (正多角形 × 数)	v (頂点の数)	f (面の数)	e (辺の数)
切頭 4 面体	$3 \times 4 + 6 \times 4$	12	8	18
切頭 6 面体	$3 \times 8 + 8 \times 6$	24	14	36
切頭 8 面体	$4 \times 6 + 6 \times 8$	24	14	36
切頭 12 面体	$3 \times 20 + 10 \times 12$	60	32	90
切頭 20 面体	$5 \times 12 + 6 \times 20$	60	32	90

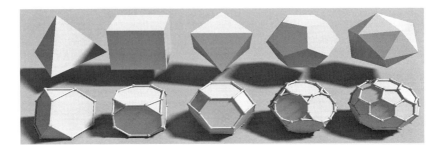

とれるので切頭 4 面体同様に 6 角形になる．断面の 5 角形と 6 角形の辺を等しくなるように頂点を切ると，正 5 角形と正 6 角形からなるアルキメデスの多面体ができる．これを切頭 20 面体と呼ぶ．C_{60} の形，サッカーボールの形はこの切頭 20 面体である．数学者は C_{60} が発見されるより，2,200 年前にこの形を見つけていた．

2.1.3 オイラーの多面体定理 ★★

切頭 20 面体の頂点の数は，C_{60} と同じ 60 個である．各頂点は 5 角形 1 個と 6 角形 2 個からなる．したがって 5 角形の数は $60/5 = 12$ 個，6 角形の数は $60 \times 2/6 = 20$ 個になる．ここで，5（または 6）で割ったのは 5 (6) 角形が 5 (6) 個の頂点でできているので，1 個の 5 (6) 角形を 5 (6) 回重複して数えられているからである．辺の数は，1 つの頂点から 3 本の辺が出ているので $60 \times 3/2 = 90$ 本である．2 で割ったのは，1 本の辺は 2 つの頂点を結んでいるので 2 回重複して数えられているからである．

一般に多面体の頂点の数 (v)，面の数 (f)，辺の数 (e) の間には[9]，

$$v + f - e = 2, \tag{2.1}$$

の関係がある．これをオイラーの多面体定理と呼ぶ．例えば 5 個のプラトンの多面体や切頭多面体が，式 (2.1) を満たしていることを確認できる[10]．

ここで，5 角形 x 個と 6 角形 y 個からなる多面体を考える．頂点の数 (v)，面の数 (f)，辺の数 (e) は，

$$v = \frac{5x + 6y}{3}, \quad f = x + y, \quad e = \frac{5x + 6y}{2} \tag{2.2}$$

と与えられる．ここで，3（または 2）で割ったのは 1 つの頂点（辺）が 3 (2) 個の多角形で共有されているからである．式 (2.2) を式 (2.1) に代入して，x と y の関係を求めてみると，$x = 12$ という結果を得る．y を含む項はなくなってしまう．ここで以下の疑問が生じる．

Q3: $x = 12$ という結果は何を意味するか？ y はどこにいったのか？

この答えは，『5 角形の数が 12 個であれば，6 角形の数は何個でも多面体を作ることができる．』ということを意味している．C_{60} の他にも，5 角形の数が 12 個さえあれば 6 角形の数を変えることで，いろいろな炭素クラスターを作ることが可能であることを示している [5]．

2.1.4 C_{60} 発見後の展開 ★

C_{60} 発見後，C_{70} 分子の形も明らかになった．C_{60} を半分に割り，割った部

---

[9] 英語で頂点を vertex，面を face，辺を edge と呼ぶ．
[10] 試してみるとよい．この定理の証明もインターネットなどで見つけることができる．

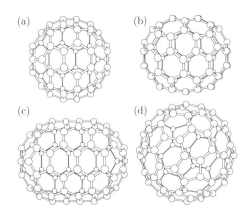

図 2.3 (a)C_{60}, (b)C_{70}, (c)C_{80}, 6角形を5個追加することで1方向に伸ばすことができる．(d) 正20面体の対称性をもった C_{80}．4つは炭素の同素体であり，(c) と (d) は構造異性体であるという．

分に炭素原子10個の輪を加えてつなぎ直せばできるのである（図2.3）[11]．さらに，6角形の数を増やしていろいろな構造のクラスターが予想され，実験で次々と発見することができた（図書9,10,12）．このような閉曲面分子全体の総称をフラーレンと呼び，物質科学の大きな分野として発展することになる．

　フラーレンは人工的に作られた分子である．これを物質として利用するためには，まとまった量を作り分子の形ごとに選別する必要がある．一般に新しい物質が発見されると，次に大量合成と精製が必要である．C_{60} 発見時のレーザー光を当てて炭素を蒸発する方法では多くのフラーレンをとることができなかった．その後，2本の炭素棒を大気圧に近いHeガス中でアーク放電[12]を起こすことで，炭素棒を効率よく蒸発できるようになった（図書9）．放電させた装置の中（図2.4）は，すす（煤）が大量に発生しその中にフラーレンを多く含む．フラーレンはベンゼンなどの有機溶媒に良く溶けるので，溶かすことでいろいろな種類のフラーレンを溶媒中に抽出することができる．溶けたフラーレンを精製する方法として，カラムクロマトグラフィ（以下クラマトグラフィ）と呼ばれる方法が用いられる．

　クラマトグラフィでの精製法は，(1) 小さい粒状の物質がいっぱいつまった円

---

[11] これは6角形を5個追加することを意味する．
[12] 大気圧に近い気体中の放電をアーク放電という．高温と強い光が出る．雷は自然界のアーク放電である．強い光は電灯にも使われる．

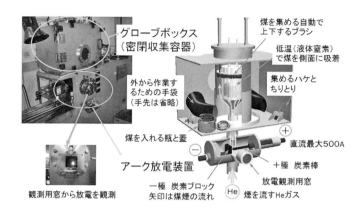

図 2.4 アーク放電によるフラーレンの合成装置．左上の写真：下半分のアーク放電装置で煤（すす）を発生し上半分のグローブボックス（密閉収集容器）で煤を回収する．右図：Heガスを流し煤の煙をグローブボックスに送る．液体窒素で冷やした金属側面に煤が吸着する．吸着した煤を自動に上下するブラシでかきおとし，密閉容器内作業用ゴム手袋に手を入れて，ほうきとちりとりで瓶に集める．集められた煤を精製してフラーレンを得る（名古屋大学北浦良先生のご厚意による）．

筒状の装置（カラム）の中にフラーレンが溶け込んだ有機溶媒を流し込む．(2) するとフラーレンの大きさや形によって，カラムの出口に達する時間が異なることを利用して分離できる（図 2.5）．(3) 出口に光吸収測定装置を取り付けて，出てくる溶液の吸収スペクトル[13]が変わったら，別のフラスコに変えて溶液を取れば分離できる．(4) 最後に溶媒を蒸発させると固体のフラーレンを得る．

このように分離生成された分子に，OH や COOH などの構造を付加反応させることで，さまざまな種類のフラーレン分子が作られた．これはちょうど6角形1個の環状分子ベンゼンの発見から有機化学が発展したように，閉曲面分子 C_{60} から新たな有機化学が非常な勢いで発展することになる．

---

[13] 分子に光を当てると分子によって特徴的な波長で光を吸収する．光の吸収は溶液の光の透過率から評価できる．光の吸収を光の波長の関数でグラフを作ったものを吸収スペクトルという．吸収スペクトルからどのような分子がどのくらい存在するかを調べることができる．

図 2.5 (左) クロマトグラフィの装置．装置の右側にカラムと呼ばれる円筒状の装置が数本ある．(中) パソコン上に表示された光吸収のグラフの時間変化を見ながら溶液を受け止めるフラスコを交換する．(右) 精製されたフラーレン．上段左から C_{60}, C_{70}, C_{80}, 下段は C_{82} 分子の内部に Dy（ジスプロシウム）原子が 1 個または 2 個内包された分子（A@B は B の中にある A の分子という意味）左から $Dy@C_{82}$, $Dy_2@C_{82}$（名古屋大学北浦良先生のご厚意による）．

2.2 カーボンナノチューブの発見 ★

次にカーボンナノチューブの発見の話をしよう．この発見はフラーレンの研究が発端になっている．

2.2.1 捨てられた電極 ★

フラーレンの発見で，1990 年代はアーク放電装置がフル稼働で動作し，当時研究室では，大学院生が，ススにまみれながら放電装置からフラーレンを回収し，回収したフラーレンは別の研究室に送り，液体クロマトグラフィーで分離し精製し，さらに生成した試料を第 3 の研究室で構造を決定するという，分業体制の実験が昼夜なく繰り広げられていた（図書 39）．アーク放電は通常直流で行うので，放電を行った炭素棒には正極と負極がある．正極は放電を行うと炭素が蒸発するので短くなる．そのため長い炭素棒を用意し正極が短くなるごとに，放電が継続するように電極間の間隔を調節する必要があった．一方，負極は放電で短くなることがなく，むしろ放電後堆積物があることが知られていた．しかし多くの研究者は，ススを回収することに追われ，使用後の電極は研究室の片隅に捨てられているだけであった．

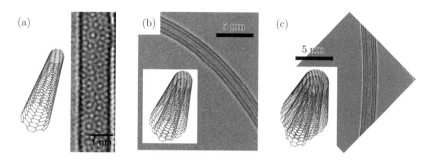

図 2.6 ナノチューブの電子顕微鏡写真とナノチューブの構造．(a) 1層ナノチューブ，(b) 2層ナノチューブ，(c) 3層ナノチューブ．1層ナノチューブは原子像も見ることができる（名古屋大学北浦良先生のご厚意による）．

Q4: アーク放電後の負極の堆積物は何か？

1991年，飯島澄男は研究室で捨てられた電極，特に負極の堆積物が何であるかに興味をもち，透過電子顕微鏡で観察したところ，多層の円筒状の物質を発見しカーボンナノチューブと命名した（図書37, 39）．ナノチューブは電子顕微鏡で見ると，円筒の側面の形[14]しか見えない．側面を投影した像だけでは，ナノチューブが円筒形であるかを判定できない（図 2.6）[15]．飯島は，これが円筒であるということをいうために電子顕微鏡で，電子が波動性をもっていて特定の方向に回折するという原理（電子線回折）を用いて，円筒形というところまで示して，Nature に論文を発表した [6]．

2.2.2　ナノチューブの丸め方 ★

飯島の発見とは別に，フラーレンで5角形を12個にしたまま1方向に伸ばした構造を考えていた研究者がいた．C_{60} を発見した1人であるスモーリーと物理学者であるドレッセルハウス教授夫妻が，ワシントンで開かれた研究会で，C_{60} を半分に割り，その間に6角形の面を追加した円筒形の構造を議論した [7]．

---

[14] 電子が透過したときの影のようなものをみるので，円筒の側面のうち電子の進行方向に平行な方向の部分が像になる．したがってナノチューブ像は1つの円筒の直径の間隔に開いた2つの線として観測される．
[15] 影絵で半透明の円筒形をみて，それが円筒であるかどうか，側面からの像だけでは判断は難しいが，像の濃淡などから直感で円筒ということができる．

1990 年 12 月のことである.

Q5: どういう円筒形の構造が可能であるか?

ドレッセルハウスは,C_{60} を半分に割る方法として,対称性から 3 つ考えられ,そこからできるナノチューブが 3 種類あることを示した [8]．この話はすぐに著者などによって発展し,ナノチューブの丸め方は無数にあり,丸め方によってナノチューブが金属にも,半導体にもなるという結論を得た [9,10]．この結論はほぼ同時に（1991 年秋）複数のグループから発表された．著者および藤田（故人）とドレッセルハウス教授夫妻（MIT）[9,10],浜田ら（NEC 基礎研究所）[11],田中ら（京大）[12] の 3 グループである．この結果は,特にナノチューブによって半導体ができることを示していた．炭素を用いた半導体ができることの発見は,今日までのナノカーボンの研究,特に電子デバイスの研究で大きな展開につながることになる．

アーク放電でのナノチューブの発見に先立ち,1976 年遠藤らは,鉄触媒から炭素繊維を生成する手法を開発していた [13]．この手法は工業的に合成する PAN 炭素繊維[16)]とは別の方法であり,できた炭素繊維の断面の形状が多層の円筒である．彼らの電子顕微鏡写真の中には非常に細い円筒形の炭素繊維の像も写っていた．遠藤らは論文でこの像に関して円筒形の物質であると記述している [13]．この写真はそれがナノチューブであることは明白であるが,当時それが重要であるという認識はなかった．

2.2.3 ナノチューブ発見後の展開 ★

1991 年に飯島が発見したナノチューブは,複数層の円筒面からなる多層ナノチューブであった．一方理論で金属にも半導体にもなると予想されたナノチューブは,1 層の円筒面からなる単層ナノチューブであった．したがって多くの実験の研究者は,理論で予想された単層ナノチューブを合成することを狙った．1993 年に,ほぼ同時に 飯島ら（NEC）[14] とベチューンら（IBM）[15] がアーク放電と触媒を用いることで単層ナノチューブの合成と観測に成功した．

ナノチューブ合成の研究は,次に大量に合成する手法,また特定の半径だけ

[16)] PAN ポリアクリルニトリルと呼ばれる高分子繊維を 1000 ℃を越える高温で加熱すると,水素や酸素原子などが離脱し炭素繊維ができる．現在のほとんどの炭素繊維はこの方法で作られている．

を合成する手法,さらに金属と半導体ナノチューブを分離する手法,さらには特定の巻きかただけを分離する手法と発展する(第4章).その結果得られた良い試料を用いた,半導体ナノチューブを用いた集積回路や,透明電極などへの応用が提案,実現することになる(第5章,9章).発見という小さな種が,非常に大きな木に成長するのには,20~100年という歴史が必要である.ナノチューブの技術革新は驚くべきスピードで不可能と思われていたことを次々と可能にしてきたのである.

2.3　グラフェンの発見 ★

　グラフェンは,フラーレンとナノチューブとは別の流れから2004年に発見された [2,3].発見当時は,多くの研究者が活発にナノカーボンの研究をしていたので,より基本的な構造であるグラフェンを研究対象とするのは,必然的な流れだった.

2.3.1　セロハンテープではがす ★★

　2004年,イギリスのガイムとノボセロフはグラフェンの研究をしていた.グラフェンは6角形だけでできた,炭素の1原子層である(1.1.3項参照).1原子層を作る方法としてはグラフェンの層が積み重なった,グラファイトからセロハンテープではがすという非常に単純な方法である(1.1.3項,図2.7).またガイムらは,原子層の層数を光学顕微鏡での濃淡で観察できることを示した.セロハンテープで1原子層が得られ,この1層のグラフェン試料に電極をつけ,磁場中で電気伝導を測る実験を行った.磁場中では電流と直角方向に磁場に比例した電圧が発生する.これは,電子が磁場から力(ローレンツ力という)を受けて進行方向と磁場の両方に垂直な力を受けるからである.この電圧の発生する効果をホール[17]効果という.このホール効果を低温で測定すると,量子化(りょうしか)[18]といって,ホール効果に関係する伝導度(電気の流れやすさを表

---

[17] ★★ Edwin Herbert Hall によって1879年に発見.この効果は,半導体中の電気伝導を担っている電荷(キャリアーという)が電子(n型)かホール(p型)かを見分け,単位体積あたりの数を測定する評価として今日まで広く利用されている.ホール(正孔,hole)とホール効果(the Hall effect)は,スペルが間違えやすいので注意したい.

[18] 物理に現れる量(電気伝導度やエネルギー)は,連続的に存在するのでなく,お金のように最小の単位があってその整数倍であることが知られている.このように離散的

図 2.7 (左) グラファイトにセロハンテープをつけ，はがすことを繰り返す．繰り返すことでグラフェンの層数が少なくなる．(中左) 単層のグラフェンを Si 基板 (表面は SiO_2 酸化膜で被われている) に転写してデバイスを作る．(中右) セロハンテープの上からピンセットをこすって Si 基板上に転写しているところ．光っているのはアルミ箔．(右) 光学顕微鏡像，像の濃さで層数が評価できる．A:単層グラフェン，B:2 層グラフェン，C:複数層グラフェン，D:グラファイト (東京大学町田友樹先生のご厚意による).

す量) がある定数の整数倍になるという性質がある．これを量子ホール効果 [16] と呼ぶ[19]．グラフェンにおいても量子ホール効果が観測されたが，驚くべきことに本来低温でしか見ることができない量子ホール効果が室温でも (少しボヤけているが) 観測されたのである [17]．なぜ室温で観測されるかを理解するために非常に多くの研究が行われ，グラフェンの電子のもつ特殊性が次々と明らかにされたのである．ガイムとノボセロフは，2010 年ノーベル物理学賞を受賞した．

2.3.2 グラフェン発見の前の研究 ★

セロハンテープではがすという手法自体はガイムらのアイデアではない．グラファイトの研究をするときに表面を平らな面にするために，セロハンテープではがす (へきかいと呼ぶ) 手法は 1960 年ごろから使われていたのだ．1973 年には藤林らは，はがした薄い (50 nm) グラファイトの物性を測定していた [18]．原理的には，原子層 1 層までセロハンテープでいくことができたのだが，そこまで想像できなかったことになる．

に量があることを，その物理量が量子化されていると呼ぶ．量子力学という物理の科目を勉強すると，量子化の仕組みを理解することができる．

[19] ★★ Klaus von Klitzing (クリッツィング) によって発見．1985 年にノーベル物理学賞．この量子ホール効果の現象を理解するには，固体物理学のいろいろな知識が必要であるので，ここでは説明しない．低温でのみ観測される，量子力学的な効果である．どんな役に立つのかというと，エネルギー量子の単位であるプランクの定数 $h = 6.626069 \times 10^{-34}$ Js を非常に精度よく測定できる点にある．物理の基礎的な，質量，長さ，時間などを精度良く測定することは実社会においてとても重要なことであり，現在も研究が進められている．

グラフェンをリボン状に細長くしたグラフェンナノリボンも中田や藤田が1996年には理論的に予想していた[19]．さらに安藤らは1998年にはグラフェンの電気伝導に特殊性があることを見出していた[20]．グラフェンの電子状態の特殊性は，実に1947年のウォーレスの論文[21]まで遡る．このようにグラフェンやグラファイトの電子状態は，既知の事実であった．しかし原子層1層を実際に作り測定することができるのは，2004年のガイムらの仕事からであり，この研究が分野の非常に大きな発展につながったのは間違いない．

2.3.3 グラフェン発見後の展開 ★

グラフェンの発見から，グラフェンを炭素でできた半導体の材料として使う試みが世界中で行われた．他のナノカーボンと同様に，グラフェンを高品質で大面積に合成する手法の開発に世界の注目が集まった[22]．さらに，透明伝導膜としてタッチパネルに利用する応用が精力的に進められている．また，グラフェンの電子が，別の素粒子の振る舞いを説明するモデルになる可能性から，素粒子理論の分野からの研究も進められている[23]．

2013年からは，他の原子層と組み合わせた複合材料の開発が精力的に行われている．グラフェンのもつ特徴を最大限に引き出すことが期待できるからである[20]．

2.4 まとめ，発見するとは? ★

ナノカーボンの代表的な物質，フラーレン，ナノチューブ，グラフェンの発見の経緯を説明した．3つの話の中には科学の発見の本質がある．ここで，高校生から大学院生まで，これから科学者になる若い人のために，科学の発見のポイントをまとめてみよう．

2.4.1 発見の前に発見者あり: 必然的な流れ ★

発見の定義はいたって曖昧である．何かを発見したといっても，実は同じこ

---

[20] 著者らは，2013年より5年間文部科学省の科学研究費である新学術領域研究『原子層科学』というプロジェクトを進めている．FacebookやWebで原子層科学で検索すれば，プロジェクトのページを見ることができる．本書はその科学研究費の説明責任を果たす役割もある．第9章の脚注8)も参照のこと．

とを考えていた人がいたり，論文にもっと前に発表したりしている人がいるのはそれほど珍しいことではない．コロンブスがアメリカを1492年に発見したというのは，よく聞く話である．しかし現代のDNA（遺伝子）科学によると，人類の祖先がアフリカ大陸で生まれ，食物を求めユーラシア大陸を移動して，アメリカ大陸に移動したのは，2万年ぐらい前と言われる．それが人類にとって最初のアメリカ大陸の発見と言えないこともない．

　発見は，多くの場合ちょっとしたきっかけが原因である．そのきっかけのパターンとして，(1) 想定外の結果，(2) 単なる偶然，(3) 他の人のつぶやき，(4) 誤解や失敗，(5) 好奇心である．どこにも (a) 学問の探求，(b) 技術の蓄積 (c) 長年の努力 などというような，本来高く評価すべき理由がないのである．一方で，発見した人が (a)-(c) の努力をたくさんしている人であることも明らかである．豊かな経験がなければ，発見の重要性を見抜くことはできないからである[21]．『発見は，備えあるものだけに訪れる』といったのは，パスツールである[22]．

　したがって，発見とは (1) 誰かがある時点で今までになかった（と思った）事実を見つけ，(2) その重要性を（その人または別の人が）指摘し，(3) それをもって他の多くの人がその重要性を認め，(4) その時点を境に，社会に波及的影響力を与えた事実，と定義したい．特に (1) の時点と (2) の別の人が指摘した時点が大きく異なる場合は，再発見と呼ばれるものであろう．こうなると，発見後の動き (3) と (4) が発見に対する評価と密接に関連することに気づくと思う．重要なことは，どんな些細な科学の知識も誰かが発見したものであることである[23]．

---

[21] ただし，発見者以外の人が，その発見の重要性を見抜く場合もある（図書 42）から，話は一層複雑である．
[22] ルイ パスツール．科学実験の現代的手法（比較実験）を確立したといわれる．牛乳の風味を損なわずに，ばい菌だけを殺す方法として，60℃ 30分間加熱という方法（低温殺菌牛乳の原理，パスチュアリゼーションという）を発見した．
[23] 最初に発見された人は忘れ去られ，その後別の人が本書のような教科書などに，事実が理由もなく常識のように書かれるのである．ひどい場合には，発見者でない人の名前がついている場合もある．本書の多くの事実も，本来なら発見した人や年を正確に書くべきであるが多くはサボっている．検証するのに必要に多くの裏付けが必要であり時間がかかることをご理解いただければ幸いである．

2.4.2 発見の重要性を説明する: プレゼンが重要 ★

発見後の社会的評価を受けるために，発見の重要性を発表することは重要な作業である．発表なしに，発見の社会への波及はない．当然のことであるが，多くの人が興味をもつことは，発見した事実でも，誰が発見したかということではない[24]．発見がどんな意味をもち，どんな可能性を秘めている点こそが興味がもたれる点である．発見の意義をわかりやすい言葉で説明し，誰もが『なるほど，大事だ』と思わせるような説明が必要である．誰もが『なるほど，大事だ』と感じるような説明能力のことを，プレゼン[25]能力という．

話を聞いた聴衆が，さらに他の人に『こんなことが見つかったんだって』，『へえー!』と会話ができるレベルまで咀嚼して説明できるのは，高度のプレゼン能力であると言える．より多くの人が理解するためには，徹底して難しい言葉を使わずに，限られた言葉だけで説明することが必要である[26]．

2.4.3 予想外の結果を考える: 好奇心が科学 ★

大学に入ると 1, 2 年生のときに，授業の他に基礎ゼミと称して少人数で研究の真似事のような教育をする．また幼稚園のときに『ままごと』や砂遊びをしたことがあると思う．2 つのことはいくつかの共通点がある．どちらも (1) 何かをしなければいけないというルールはない，(2) 必要な知識は不要であり，また知識を教える教師はいない[27]，(3) 結果が即役に立つことはない，そして (4) 脳の発達においてとても重要である，などがあげられる．大学における基礎ゼミの試みは，大学が生き残るためにも重要な教育なのである．

大学に入ると，授業では膨大な専門の知識を学ぶことになる．優秀で努力家の学生は，計画的に熱心に勉強し，優秀な成績をあげる．こうして優秀な学生が社会で活躍し，得られた知識を社会で使うことで，社会に還元される．これが大学における 1 つの存在価値である．

しかし，大学の存在価値はそれだけではない．人類が長い年月をかけてきて

---

[24] 意外な人が発見すれば話題になることはある．例えば，サカナ君がクニマスを再発見したことは，発見した人の方に大衆の興味があった．
[25] presentation プレゼンテーション（発表）の 4 文字短縮語．
[26] http://flex.phys.tohoku.ac.jp/~rsaito/memo.html に著者によるプレゼンのページがある（永遠に未完成）．著者もプレゼン能力ははなはだ自信がない．本著の最前線シリーズは，半分は難しい言葉を使ってはいけないことになっている．
[27] 基礎ゼミでは，その教育の目的のため，教授は知識を教えてはいけないことになっている．

積み上げてきた厖大な科学の知識を越えた，新しい概念を創出する場となることにも大学の存在価値がある[28]．新しい概念は，従来の知識における問題点や未解決な問題を解くことによって得られることもあろう．それは従来の延長線上にあり，優秀な研究者の長年の努力によってなされる．一方で，この節で Q として示してきた疑問は，いたって単純である．誰でも，後になってみればいたって普通の疑問である．この単純な疑問にいたるまでには，歴史において膨大な時間と経験がかかるわけである．

　疑問をもつことができれば，誰でも小さな発見を得ることができ，それが非常に大きな学問に広がっていく可能性がある．この点が科学において重要な点であると思う．言ってみれば

科学は種を作り，技術は種を育てる．

と言うこともできる．種を作る（種苗）のは，育てる（農業）とは別次元の難しさがある．（科学で発見される）事実は想像より奇なり，であり我々の想定外であるからである．好奇心や観察力，発見に関する認識が必要であることがわかっていただけると思われる．そのために研究をするための教育が必要であるのは言うまでもない．後は努力と運次第である．

2.4.4　巨人の肩に乗る★

　最後にもう1つ科学をするのに大事な要素があることをお話ししたい．大学受験のとき，大学へ入学することの難しさ（偏差値）で大学を決めていることがほとんどであろう．著者もそうであった．それで構わない．では大学院に進むとき，何で進路を決めるべきなのであろうか？自分がやってみたい研究内容であろうか？　その選択は正しい．自分はこれがやってみたい研究内容が見つかったら，少し調べてみると良い．最近はインターネットでかなりの情報を得ることができる．しかし，著者がお勧めする最も重要なことは，どの研究室に入るかということである．

　科学の進むべき道の方向は，若い人にはわからない．若い人が耳にした興味を研究してもよいが，大きな花になる確率は低い．大学院生が大学の設備を使

---

[28] http://www.mext.go.jp/a_menu/koutou/houjin/1341970.htm に各大学の強み・特色・社会的役割（ミッション）を再定義したページがある．大学の2つの存在価値は，それぞれ教育と研究の意義と同義であろう．大学の歴史や目的によって，2つの目的の相対的割合が異なる．

わず単独で研究して，大きな発見をする確率は 0 であると断言できる．これは，何百年と代々伝わってきた田畑だけが，素晴らしい農作物を作ることができるのと同じである．日本の大学にも 100 年以上にわたり，先人の苦労によって，大学という豊かな研究の土壌を作ってきたのである[29]．

　長年研究を行ってきた教授はやり残した研究をいくつももっていて，元気な若い人がそれを引き継いで花を咲かせたいと思っている．老教授は花を咲かす方法もノウハウももっている．しかし自分で花を咲かせるには，体力も気力もそして時間も必要である．多くの失敗などの貴重な経験を引き継ぎ，若い人が見事に花を咲かすことが，少なくとも研究の出発点でなければならない．それがそのまま若い人のライフワークになる場合も少なくないのだ[30]．

　巨人の肩にのり，巨人の示す方向に進むことは大きな研究成果を得るためにはとても重要である．それは決してずるいことではない．どんな偉大な科学者も必ず指導者がいる．大学院を卒業してからも，短期に在外研究として，海外の著名な先生の研究室に所属し，1～2 年で輝かしい成果を得る日本の若い研究者が多いことからもわかる．自分の才能を花咲かせるには，豊穣な土壌が必要なのである．巨人の肩に乗るには，乗るにふさわしい実力と努力が必要であることは言うまでもない．

　重大な研究成果は，世代を越えて引き継がれた研究で花を咲かせることが多いのである．著者も素晴らしい多くの先生から指導を受けながら研究してきた．そして研究は指導によって次の世代に引き継がれることであると思っている．

---

[29] もちろん，大学ができる前にも和算や蘭学などの科学は日本の中で育ってきたことを忘れてはならない．
[30] 優秀な老教授は若い人の小さな発見の重要性を瞬時に見抜く力をもっていることを忘れてはならない．ちょっとしたことでも話す習慣は，大きなチャンスにつながるのである．

――――― ティータイム 2 ―――――

大学での勉強の仕方をよく問われる．高校までの勉強方法と大学での勉強方法はだいぶ異なるからだ．大学の教育に興味がもてなかったり，生活習慣が乱れたりして，勉強をまったくしない学生も現れる．よくある留年のパターンである．もちろん普通の学生は，必修科目を履修し，選択科目を選び，授業に毎回参加し，試験前に勉強し単位を取るという普通の生活をする．これで成績がAなら満足，本格的に勉強してAAなら大満足である．これで十分かもしれない．

しかし成績がAAであっても，本人が実はよく理解していない場合もある．成績がCなら本人は不満である．チェックしたいのは，成績に関わらず自分が心から理解したと言えるかどうかである．このチェックは1人では難しい．身近な友達と質問し合うことで達成度を確認するのは良い方法である．またセミナーなどで教員や他の学生の質問に対し，正確に答えたかもチェックできる．勉強は1人でするものであるが，確認し合うことができる人は大学での勉強がうまくいく．1人で勉強して良い成績をとれば良いじゃないか，と思う人もいるが，実は気づかない過ちに陥ることがある．これに関しては別のティータイムでお話ししよう．

――――― ティータイム 3 ―――――

商売柄，わかりやすい話をすることはとても重要である．国際会議で多くの聴衆の前で話すとき，高校に赴き出前授業をするとき，スーパーマーケットでおばあさんに話しかけられたとき，国家予算を使うようなプロジェクトの説明をするとき，大学院生に概念を説明するとき，いろいろな状況があるが，基本的に相手方がわかるように話すという姿勢にかわりはない．どうやったらわかりやすい話と感じるのであろうか？

答えは簡単である．相手の理解できない言葉を使わないで話すことである．そのためには相手の観察がとても重要である．自分が話したいことをただ話して，相手が理解してもらえることを期待してはならない．たとえ相手がわかっていることであっても，確認の意味で短い言葉で説明し，相手との共通の空間を確保する．その上でお話をすることが重要になってくる．

第3章 ナノカーボンの形★

ナノカーボンは炭素原子だけからできている．ナノカーボンの種類は，形すなわち立体構造の違いによるものである．本章では，ナノカーボンの立体構造を展開図と数式を用いて説明する．

3.1 グラフェンは六方格子★

グラフェンは，炭素原子で6角形のタイルをしきつめた形（六方格子，図3.1）をしている．6角形の1辺の大きさは，$a_{\rm cc}=1.42\,{\rm Å}$[1]である．六方格子の1つの原子から近接の3つの原子に結合が伸びている．2つの結合の間の結合角は120°であり，3つの結合は1つの平面上にある．六方格子の形の網を作ると，平面方向のどの方向に引っ張っても伸びる[2]．さらに面に垂直方向にも大きな変形が可能であり，サッカーのゴールのネットや果物をいれるネットに使われている．

近接する3つの原子との間には，炭素の結合の手[3]が伸びて共有結合する．共有結合とは，2つの原子から1個ずつ電子が提供されて作る結合のことである．共有結合には，握手するように結合するσ（シグマ）結合とハイタッチのように結合するπ（パイ）結合がある（図3.2(b), (c)）．3つのσ結合は，炭素原子の$2s, 2p_x, 2p_y$軌道を混成（こんせい）して作られ，sp^{2}結合と呼ぶ（図3.2(a)，

---

[1] 1Å(オングストローム) は，$0.1\,{\rm nm}=10^{-10}\,{\rm m}$である．
[2] これに対し，正方形（正三角形）からなる正方（三角）格子の網の場合には，辺に平行な方向に引っ張ると伸びない．辺に垂直な方向に引っ張ると伸びる．
[3] 原子が他の原子と結合する場合，1個の原子から何本か手（結合の手）が出ていて手が結合するとすると考えると，生成される化合物の形を想像しやすい．炭素の結合の手は4本である．4本の結合はσ結合かπ結合のいずれかを取る．1重結合の場合には4本ともσ結合，2重（3重）結合の場合には，3本（2本）のσ結合と1本（2本）のπ結合を作る．結合の手は，原子の最外殻の電子の数（原子価）と関係している．

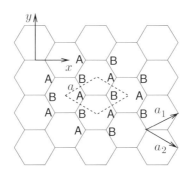

図 3.1 グラフェンの六方格子．6 角形（一辺の長さ=1.42 Å）の頂点に炭素原子がある．六方格子は A と B の原子からなる 2 つの副格子に分解できる．点線で囲まれた平行 4 辺形が，六方格子の単位胞．単位胞は 2 つのベクトル $\boldsymbol{a}_1, \boldsymbol{a}_2$ で指定される．$a = |\boldsymbol{a}_1| = |\boldsymbol{a}_2| = 2.46$ Å は格子長．

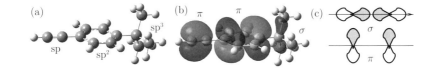

図 3.2 (a) 炭素（灰色の大きな丸）と水素（白い小さな丸）からなる，著者が作った仮想的な分子．炭素原子の σ 結合の手の数が 2 本（sp 結合），3 本（sp^2 結合），4 本（sp^3 結合）の 3 種類がある．3 重線（2 重線）は，σ 結合に 2 つ（1 つ）の π 結合が加わった，3 重結合（2 重結合）である．2 つの σ 結合の手が作る角度（結合角）は，180°，120°，109.5° である．sp^2 結合で 6 角形ができる．b) (a) の分子の HOMO（HOMO の説明は，第 6 章脚注 4 を参照．）と呼ばれる，電子が占有する分子軌道で一番エネルギーの高い状態の電子軌道の様子．(c) は σ 結合（上）と π 結合（下）．HOMO 状態では，sp 結合や sp^2 結合では π 結合が見える．一方，sp^3 結合では σ 結合が見える．sp 結合や sp^2 結合にも σ 結合は存在するが，HOMO よりエネルギーの低い分子軌道を作るので，この図には現れていない．sp^3 結合には π 結合はない．

図書 2）．炭素の場合には，sp^2 結合の他，sp 結合（または sp^3 結合）があり，それぞれ 2 本（4 本）の σ 結合の手をもつ（図 3.2(a)）．sp 結合や sp^3 結合では，ポリイン（1 次元直線分子），ダイヤモンド（3 次元結晶）を作る（炭素の同素体）．

　結晶の最小単位を単位胞と呼ぶ．単位胞は，3 つのベクトルで指定される平行 6 面体である．2 次元のグラフェンや原子層の場合，単位胞は 2 つのベクト

ル a_1, a_2 で指定される平行 4 辺形になる（図 3.1）．この単位胞を構成するベクトルを基本格子ベクトルと呼ぶ（図書 5）．単位胞を基本格子ベクトルだけ平行移動すると空間を単位胞で埋め尽くすことができる．グラフェンの基本格子ベクトルは，xy 座標で $a_1 = (\sqrt{3}a/2, a/2)$, $a_2 = (\sqrt{3}a/2, -a/2)$ で与えられる．ここで a は $a = |a_1| = |a_2|$ であり格子長と呼ぶ．$a = \sqrt{3}a_{cc}$=2.46 Å の長さである．グラフェンの単位胞は，a_1 と a_2 が作るひし形になる．

1 つの単位胞には，2 つの炭素原子 A, B がある．ある単位胞の A, B 原子を基本格子ベクトル分平行移動すると隣の単位胞の A, B 原子にそれぞれ移動する．A 原子だけ（または B 原子だけ）からなる格子を副格子と呼ぶ．グラフェンの六方格子の場合，A, B 2 つの副格子がある（図 3.1）[4]．A 原子のまわりの 3 つの原子は B 原子であり，B 原子のまわりの 3 つの原子は A 原子である[5]．

A 原子と B 原子を結ぶ六角形の辺の中心を通り，原子面に垂直な軸のまわりで 180° 回転すると，格子の A 原子と B 原子を入れ替えることができる．このような回転対称軸を 2 回対称軸 (C_2) と呼ぶ．このように A 原子と B 原子の間には対称性がある[6]，結晶格子中で（基本格子ベクトルでつながらない）等価でない原子である．

3.2　フラーレンの展開図★★

フラーレンは 6 角形と 5 角形からなる多面体であるから，展開図を用いて多面体を設計することができる [5,24]．2.1.3 項で説明したように，閉じた多面体を作るには 5 角形が 12 個あればよく，6 角形は何個あっても良かった．

グラフェンの六方格子を使って C_{60}, C_{80}, C_{140} 分子を設計したのが図 3.3 である．展開図の中で 5 角形を描くのは大変なので，5 角形の部分を抜き取った穴として表すと便利である．図 3.3 の展開図で灰色のところを切り取る．番号のついた 6 角形も切り取る．同じ番号であったところを重ねるように組み立てる

---

[4] ある結晶格子が，2 つの副格子に分けることができるとき，もとの結晶格子は bipartite lattice（バイパータイト格子）であるという．

[5] A 原子を中心として，最近接の原子は B 原子であるが，第二近接の原子は A 原子である．第三近接の原子は B 原子であるが，第四近接の原子は B 原子なので，交互に現れるというわけではない．

[6] この対称性をカイラル対称性と呼ぶこともある．グラフェンの電子状態の特殊性はこの対称性の効果ということができる（第 6 章）．

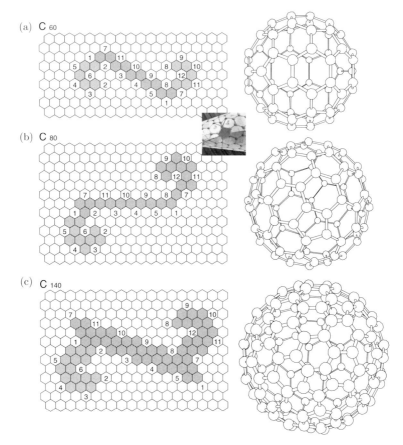

図 3.3　(a) C_{60} 分子，(b) C_{80} 分子，(c) C_{140} 分子の展開図と立体構造．灰色のところを残して切り取る．番号のついた 6 角形も切り取る．同じ番号であったところを重ねるように組み立てると，1 から 12 までの番号のところが 5 角形の穴（写真）になる．拡大コピーして紙で製作してみるとよい．

と，1 から 12 までの番号のところが 5 角形の穴になる（図 3.3 中央部の写真）．例えば C_{60} の展開図，図 3.3(a) で 2 つの 8 番の位置を重ねると，12 番の部分が 5 角形になる[7]．8 番を重ねると，2 つの 9 番が近づいてくるので，次に 9 番を重ねるようにすると，今度は 8 番が 5 角形になる．この操作を繰り返すと，多面体を組み立てることができる．5 角形になる部分は，6 つの辺のうち 1 つの

---

[7] 12 番の部分は切り取って，穴になるようにしないと紙を変形して 6 角形を 5 角形にすることができないことに注意．

辺がなくなるように重ねるのである．実際にこのページを拡大コピーして切り取って組み立ててみるとよい．5 角形の部分が穴の開いた多面体ができる．一般の形のフラーレンは，1～12 番の場所が重なるように配置すればできる．C_n の n の数を増やすと，可能なフラーレンの数は急速に増えて n^9 に比例して増えることが報告されている．しかし，2 つの 5 角形が接近すると，そこで大きく面が凸に変形するので紙工作が難しくなり，実際の分子も不安定な場合が多い．等価でない展開図を作る方法，また展開図から立体構造（原子の座標）を作る方法は，いろいろ提案がある[8]．また計算した原子の座標を用いてコンピュータで表示するプログラムは，各種ある[9]．読者が自分のフラーレンを紙で製作してみるとこの節の話が良くわかると思う．

3.3 ナノチューブの展開図★★

次にナノチューブの展開図を考える（図書 1）．層状物質であるグラファイトの 1 枚の原子層をグラフェンと呼んだ．このグラフェンを丸めた形がナノチューブの円筒構造である [7]．図 3.4 の六方格子上にベクトル $\vec{OA}$ を定める．ベクトルの始点 O と終点 A はともに，グラフェンの A 原子[10]である（図 3.1）．$\vec{OA}$ をカイラルベクトル C_h と呼ぶ．C_h を六方格子の基本格子ベクトル a_1, a_2（3.1 節参照）を用いて

$$C_h = na_1 + ma_2 \equiv (n, m), \quad (n, m \text{ は整数}, 0 \leq |m| \leq n) \tag{3.1}$$

（n, m は整数, $0 \leq |m| \leq n$）と表すことができる[11]．次に，点 O と A から，OA に垂直に線分を伸ばし，A 原子とぶつかる点をそれぞれ，B と B′ とする．OB

---

[8] 簡単な話ではない．プログラムを作ることが得意な学生は挑戦してみるとよい．
[9] 筆者が良く使うのは，jmol というフリーのソフトである．
[10] B 原子を選択してもよいが，始点と終点は同じ副格子（3.1 節参照）でなければならない．そうでないと，丸めたとき 6 角形の模様がうまく重ならない．
[11] 基本格子ベクトル a_1, a_2 は，図 3.4 では 60° の角をなしている．120° に開いて定義する方法もある．この場合には $a'_1 = a_1 - a_2$ であるから，(n, m) はこの定義では $(n - m, m)$ として表される．

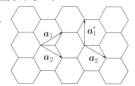

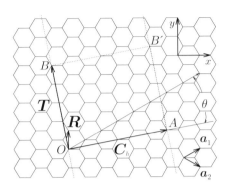

図 3.4 チューブの展開図: O と A, B と B' をつなぐとチューブができる. OA が赤道方向のカイラルベクトル C_h, OB が軸方向の並進ベクトル T, OR が対称性ベクトル R である. チューブの単位胞の長方形 $OAB'B$ 中に N 個分の 6 角形がある. a_1, a_2 は六方格子の基本格子ベクトルである. a_1 と C_h のなす角がカイラル角 θ. 図は $C_h = (4, 2)$, $d = d_R = 2$, $T = (4, -5)$, $N = 28$, $R = (1, -1)$ である(本文参照).

と AB' は平行で長さが等しい[12]. したがって, 四角形 $OAB'B$ は長方形である. $OAB'B$ を切り取り O と A, B と B' をむすぶと円筒形ができる[13]. したがって 1 つのナノチューブの立体構造は, 2 つの整数 (n, m) で決まる. OA は丸めるとチューブの赤道(円筒形断面の円周)になる. 1 周の長さ $L = |C_h|$ は,

$$L \equiv |C_h| = a\sqrt{n^2 + m^2 + nm}, \tag{3.2}$$

である. ここで $a = |a_1| = |a_2|$ は, 六方格子の格子長 (2.49 Å) であり, チューブでの炭素原子間距離 a_{C-C} (1.44 Å) の $\sqrt{3}$ 倍である[14]. ナノチューブの直径 d_t は

$$d_t = \frac{L}{\pi} = \frac{a\sqrt{n^2 + m^2 + nm}}{\pi}, \tag{3.3}$$

で与えられる. 丸めて得られたナノチューブの立体構造の例を図 3.5 に示す.

---

[12] OB と AB' は OA と直交し, A 原子からなる副格子の点 O と A を通る平行線である. OB を OA だけ平行移動すれば AB' に重なるから OB と AB' は長さが等しい.

[13] このとき重要なことは, OB と AB' 上の 6 角形の模様がぴったり重なるということである. なぜなら, OB と AB' は平行線であり, 2 つの線分 OB と AB' が六方格子を切り取る形は合同であるからである.

[14] グラフェンの値 1.42 Å より少し長い. これは円筒形に曲げられているため, 化学結合が長くなるためである. L の計算では, $a_1 \cdot a_2 = a^2/2$ であることに注意. a_1 と a_2 は直交していなくて, 角度が 60° であるので, $\cos(60°) = 1/2$ を用いた.

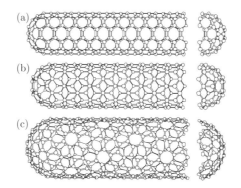

図 **3.5** チューブの分類: (a) アームチェアチューブ $C_h = (5,5)$, (b) ジグザグチューブ $C_h = (9,0)$, (c) カイラルチューブ $C_h = (10,5)$. チューブの軸に対するグラファイトの六角形の向きが (a) から (c) の場合で異なる. (a) と (b) は六角形の向きが軸に対して対称的である. (c) は, 螺旋対称性を持つ. チューブの終端は, フラーレンの半球（キャップという. (a) と (b) のキャップは C_{60} の半球, (c) のキャップは C_{140} の半球）で閉じている. ナノチューブの名前はキャップを取ったときの切り口の形に由来する.

図 3.5 に示すように六角形の方向（螺旋度）をナノチューブの軸に対して自由に取り得る. 計算によるとナノチューブの構造の安定性は, ほとんど直径の大きさだけで決まり螺旋度によらない. 実験でナノチューブを合成すると, いろいろな螺旋度を一様に取る[15]. 合成されたナノチューブの端はフラーレンの半球（キャップと呼ぶ）で閉じている（図 3.5）.

3.3.1 ナノチューブの分類★★

単層ナノチューブの構造を対称性で分類する場合, チューブの中心軸に垂直な鏡映面[16]がある場合が 2 通り（図 3.5(a) と (b)）ある. 図 3.5 で端のキャップ構造を取ったときの切口の形からアームチェア（armchair, 肘掛け椅子）チュー

---

[15] 最近の研究によると, 特殊な触媒や合成条件を選ぶと, 特定の (n, m) のナノチューブを選択的に合成することが報告されている [25].

[16] ☆☆鏡を置いたときに鏡に移る像ともとの格子が同じ位置にあるとき, 分子は鏡映対称性があるという. またこのとき鏡の面を鏡映面と呼ぶ. ナノチューブの軸を z 軸に定めたとき, 軸に垂直な（水平な）鏡映面を σ_h (h: horizontal 水平) という. また軸を通る鏡映面を σ_v (v: vertical 垂直) という. 物理や化学では群論という対称性を学ぶ授業科目がある. 特に分子や単位胞の持っている対称性を扱う群論を点群という. ナノチューブの場合, 鏡映面（点群で D_{nh}）または回映面（2 つの σ_v 鏡映面の作る角度を 2 等分する鏡の面 σ_d, 点群で D_{nd}）が存在するかどうかで大きく分けられる. 鏡映（または回映）面が存在する場合には, チューブ上の六角形の向きはチュー

表 3.1　チューブの名称

名称	C_h	チューブの切口の形状	対称性（点群の記号）
アームチェア	(n,n)	肘かけ椅子の形（シス型）	$D_{nh}^{a)}$ または $D_{nd}^{b)}$
ジグザグ	$(n,0)$	ジグザグ形（トランス型）	$D_{nh}^{a)}$ または $D_{nd}^{b)}$
カイラル	(n,m)	シスとトランス型が混在	C_N 螺旋対称性

^{a)} n が奇数の場合．　^{b)} n が偶数の場合．

ブ（図 3.5(a)）とジグザグ（zigzag）チューブ（図 3.5(b)）と呼ぶ．アームチェアとジグザグチューブ以外は螺旋対称性[17]をもち，カイラル（chiral）チューブ（図 3.5(c)）と呼ぶ．

表 3.1 にチューブの分類とその場合のカイラルベクトルの関係をまとめた．表 3.1 で示したように，アームチェアチューブは，$n = m$ すなわち (n,n) の場合であり，ジグザグチューブは，$m = 0$, $(n,0)$ の場合である[18]．それ以外はカイラルチューブであり，$0 < |m| < n$ の場合である．

3.3.2　並進ベクトル：T ★★

図 3.4 で，O から C_h（OA）に垂直な方向に伸ばして最初の格子点となる点を B と定めた．OB を並進ベクトル T と呼ぶ．ナノチューブ軸方向に格子を T だけずらすと，もとの格子の構造に重なる．これを並進対称性と呼ぶ．T は，a_1, a_2 を用いて，

$$T = t_1 a_1 + t_2 a_2 \equiv (t_1, t_2), \tag{3.4}$$

と表すことができる．ここで t_1, t_2 は互いに素（最大公約数が 1）の整数である[19]．t_1 と t_2 の比は，$C_h \cdot T = 0$ の条件から与えられ，さらに t_1 と t_2 が互いに素という条件を課すと，t_1 と t_2 は次のように与えられる．

$$t_1 = \frac{2m+n}{d_R},\ t_2 = -\frac{2n+m}{d_R}. \tag{3.5}$$

ここで d_R は $(2m+n)$ と $(2n+m)$ の最大公約数である[20]．

ブの軸に対して対称的である（図書 2）．興味がある場合には群論の本を勉強してみるとよい．群論は対称性の高い分子や固体の問題を解くときに役に立つ．

[17] バネやねじの山のように，回転しながら軸方向に進むと同じ形に重なる対称性を螺旋対称性と呼ぶ．

[18] この記述は，脚注 11) の a_1, a_2 の取り方に依存する．

[19] もし 1 以上の公約数があれば，t_1, t_2 を公約数で割ったベクトルの位置で先に格子点にぶつかるから，公約数で割ったベクトル T が並進対称性の最小の単位になる．

[20] ★★★ d_R は n と m の最大公約数 d と関係があり，(1) もし $(n-m)$ が $3d$ の倍数の場合には，$d_R = 3d$ であり，(2) それ以外の場合には，$d_R = d$ である [7]．

チューブの単位胞は，C_h と T からなる長方形 $OAB'B$ である．単位胞の面積（$|T \times C_h|$，$\times$ はベクトルの外積[21]）を6角形の面積（$|a_1 \times a_2| = \sqrt{3}a^2/2$）で割ると[22]，単位胞中の6角形の数 N，

$$N = \frac{|T \times C_h|}{|a_1 \times a_2|} = \frac{2(n^2 + m^2 + nm)}{d_R}, \tag{3.6}$$

を得る．グラファイトの単位砲でもある六角形には2個原子があるので，チューブの単位胞中の炭素原子数は $2N$ 個である．T の大きさ T は，

$$T \equiv |T| = \sqrt{3}L/d_R, \tag{3.7}$$

で与えられる．ここまでに与えられた式を自分で導出してみるとよい（図書1）．

3.3.3 対称性ベクトル：R ★★★

ナノチューブの展開図（図3.4）から原子の xyz 座標を計算するために，対称性ベクトル R を定義しよう．ナノチューブの単位胞である長方形 $OAB'B$ 内の $2N$ 個の原子はナノチューブ軸から等距離にあり，等価である．格子点 O から出発し，R^i, $(i = 1 \cdots N)$ が単位胞中の異なる N 個の格子点（A原子）を一回ずつ通るような R を選ぶことができる[23]．ここで，O から始まって R によって数回移動したとき，移動先が図3.4の長方形 $OAB'B$ から出た場合には，$-T$ または $-C_h$ だけ移動して長方形の中に戻るようにする[24]．またB原子の座標は，このようにして求めたA原子から，a_{cc} だけ平行移動すればよい．a_1, a_2 を用いて，

$$R = pa_1 + qa_2 \equiv (p, q), \tag{3.8}$$

と表すとする．ここで，p, q は互いに素な整数であり，式 (3.5) の t_1, t_2 を用いて，

$$t_1 q - t_2 p = 1, \text{ かつ } 0 < mp - nq < N \tag{3.9}$$

---

[21] ベクトルの外積 $a \times b$ は，a と b に垂直なベクトルであり，大きさ $|a \times b| = |a||b|\sin\theta$ は a と b が作る平行四辺形の面積になる．

[22] ★★ a_1 と a_2 から作るひし形は6角形の面積と等しい．6角形を六方格子の単位胞としてもよい．

[23] これを満たす R は複数考えられるが，以下では T となす角がもっとも小さなものを選ぶ，という定義を用いる．

[24] 長方形 $OAB'B$ がナノチューブの単位胞なので，T または C_h だけずれた原子は長方形の中の原子と格子ベクトルでつながっている．

を満たすものと定義する[25]. 対称性ベクトル $\boldsymbol{R}$ は, (n,m) のナノチューブの原子座標を生成するときに使われる. 平面上のベクトル (x,y) を半径 $r = d_t/2$ (直径 d_t の式 (3.3) の半分の値で与えられる.) の円筒上のベクトルに変換する方法は, $(X,Y,Z) = (r\cos\theta, r\sin\theta, y)$ のように円筒座標で表せばよい. 平面上の y 方向は, ナノチューブの Z 軸方向であり, $\theta = x/r$ で与えられる. (n,m) を与えるとナノチューブの立体構造を与えるプログラムは本章であげた式を組み合わせて作られる[26].

表 3.2 にこの節で紹介したナノチューブ構造の公式をまとめた. これらの物理量はすべてカイラルベクトル $\boldsymbol{C}_h$ の 2 つの整数 (n,m) で表される.

3.4　多層構造★★

この節では原子層が多層になり, どのように積み重なる (積層) か説明する. 積層の仕方によって, 電子状態などが大きく変化する (第 7 章参照).

3.4.1　グラフェンの AB 積層★★

グラフェンは 1 枚の原子層であるが, 2 層や 3 層に重ねることができる. 原子

---

[25] ★★★ $\boldsymbol{T}$ と $\boldsymbol{R}$ の外積をとると,

$$\boldsymbol{T} \times \boldsymbol{R} = (t_1 q - t_2 p)\, \boldsymbol{a}_1 \times \boldsymbol{a}_2 \tag{3.10}$$

である. 右辺の $(t_1 q - t_2 p)$ は整数であり, この値が最小の 1 になるように p, q を決める. $(t_1 q - t_2 p)$ が 1 ならば, $\boldsymbol{T}$ と $\boldsymbol{R}^i$ ($\boldsymbol{R}$ 移動する操作を i 回することを $\boldsymbol{R}^i$ と表す.) の外積が, $\boldsymbol{T} \times \boldsymbol{R}^i = i \boldsymbol{a}_1 \times \boldsymbol{a}_2, (i = 1\cdots N)$ のように, $\boldsymbol{a}_1 \times \boldsymbol{a}_2$ の i 倍になるので, 長方形の中の異なる位置の A 原子をさすことになる. $\boldsymbol{T} \times \boldsymbol{R}^i$ の最大値は N であり, このとき $\boldsymbol{T} \times \boldsymbol{R}^N$ は $\boldsymbol{T} \times \boldsymbol{C}_h$ になるので O 点に等価な A 点に到達する. もう 1 つの条件である, $0 < mp - nq < N$ は, $\boldsymbol{R}$ が単位胞内にある条件 $0 < (\boldsymbol{R} \cdot \boldsymbol{T})/|\boldsymbol{T}|^2 < 1$ から得られる. ここで式 (3.5) を用いた. もう 1 つの単位胞内にある条件 $0 < (\boldsymbol{R} \cdot \boldsymbol{C}_h)/|\boldsymbol{C}_h|^2 < 1$ からは, $0 < t_1 q - t_2 p < N$ が得られるが, (3.9) ですでに満たしている. (3.9) を満たす (p,q) は必ず存在する. $\boldsymbol{T} \times \boldsymbol{R}$ から得られる $(t_1 q - t_2 p)$ は, $\boldsymbol{R}$ の $\boldsymbol{C}_h$ 方向の成分に比例する. この成分が最小の $(t_1 q - t_2 p) = 1$ の場合には, $\boldsymbol{R}^i$ $(i = 1\cdots N)$ の成分が $(t_1 q - t_2 p) = i$ と別々の値を取る. さらに $(t_1 q - t_2 p)^i$ の最大値は, $\boldsymbol{C}_h$ の周期性から $\boldsymbol{R}$ の赤道方向の成分が $\boldsymbol{C}_h$ のときであり (3.6), (3.10) より N である. したがって, $\boldsymbol{R}^i$ $(i = 1\cdots N)$ は単位胞の N 個の格子点を取る.

[26] 著者の研究室の Web ページ上にもプログラムが公開されている. 世界でもさまざまなプログラム言語で書かれたナノチューブ構造を作るプログラムが Web 上に公開されている.

3.4 多層構造★★

表 3.2 ナノチューブの構造の公式

記号	名称	式	値
a	格子長	$a = \sqrt{3}a_{\text{C-C}} = 2.49$ Å	最近接距離: $a_{\text{C-C}} = 1.44$ Å
$\boldsymbol{a}_1, \boldsymbol{a}_2$	基本格子ベクトル	$\left(\dfrac{\sqrt{3}}{2}, \dfrac{1}{2}\right)a, \left(\dfrac{\sqrt{3}}{2}, -\dfrac{1}{2}\right)a$	x, y 座標
$\boldsymbol{b}_1, \boldsymbol{b}_2$	逆格子ベクトル	$\left(\dfrac{1}{\sqrt{3}}, 1\right)\dfrac{2\pi}{a}, \left(\dfrac{1}{\sqrt{3}}, -1\right)\dfrac{2\pi}{a}$	k_x, k_y 座標
$\boldsymbol{C}_h$	カイラルベクトル	$\boldsymbol{C}_h = n\boldsymbol{a}_1 + m\boldsymbol{a}_2 \equiv (n, m)$,	$(n, m:$整数$, 0 \leq |m| \leq n)$
L	チューブの一周	$L = \boldsymbol{C}_h = a\sqrt{n^2 + m^2 + nm}$	直径: $d_t = L/\pi$
θ	カイラル角	$\sin\theta = \dfrac{\sqrt{3}m}{2\sqrt{n^2+m^2+nm}}$	$0 \leq |\theta| \leq \dfrac{\pi}{6}$
		$\cos\theta = \dfrac{2n+m}{2\sqrt{n^2+m^2+nm}}, \quad \tan\theta = \dfrac{\sqrt{3}m}{2n+m}$	
d	n と m の最大公約数		
d_R	$(2n+m)$ と $(2m+n)$ の最大公約数.	$d_R = \begin{cases} d & \text{if } (n-m) \neq 3d \text{ の倍数} \\ 3d & \text{if } (n-m) = 3d \text{ の倍数} \end{cases}$	
$\boldsymbol{T}$	並進ベクトル	$\boldsymbol{T} = t_1\boldsymbol{a}_1 + t_2\boldsymbol{a}_2 \equiv (t_1, t_2)$	t_1, t_2:整数
		$t_1 = \dfrac{2m+n}{d_R}, \; t_2 = -\dfrac{2n+m}{d_R}, \; T = |\boldsymbol{T}| = \dfrac{\sqrt{3}L}{d_R}$	
N	単位胞中の六員環数	$N = \dfrac{2(n^2+m^2+nm)}{d_R}$	$2N$:炭素原子数
$\boldsymbol{R}$	対称性ベクトル	$\boldsymbol{R} = p\boldsymbol{a}_1 + q\boldsymbol{a}_2 \equiv (p, q)$	p, q:整数
		$t_1q - t_2p = 1, \; (0 < mp - nq < N)$	

層の層間の長さは 3.35 Å で, 面内の C-C ボンドの長さ $a_{cc} = 1.42$ Å に比べてはるかに大きい. したがって層をはがしたり, 層をずらすことが簡単にできる.

2 層の場合, 層を水平面において上方から見た場合 6 角形の模様が完全に重なる形を AA 積層と呼ぶ. AA 積層はエネルギー的に不安定であることがわかっている. 安定な積層構造は, 上の層の 6 角形の中心の真下に隣の層の原子がくるように重ねる AB 積層構造である (図 3.6(a)). グラフェンの単位胞には A, B の 2 つの原子があるが, AB 積層の場合には, 上の層の A 原子の真下には下の層の A 原子があり, B 原子の真下は下の層の 6 角形の中心になる.

3 層以上の場合は, 上の AB 積層の 2 層の上に, 3 層めが 1 層めと同じ配置であるものも, やはり AB 積層と呼ぶ[27]. この場合 A 原子は z 軸方向に一列に並んでいる. B 原子は z 軸方向に 2 層ごとにとびとびに存在する.

3 層めの 6 角形の中心が, 2 層めの A 原子の下にくる場合もある. この場合には 2 層めの B 原子の下は B 原子になる. この構造を ABC 積層と呼ぶ (図 3.6(b)). ABC 積層は AB 積層とあまりエネルギー的に変わらないので, 天然

---

[27] 次に述べる ABC 積層と区別する場合には, ABA または ABAB 積層と呼ぶこともある.

42　第3章　ナノカーボンの形★

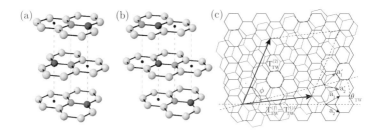

図 3.6　(a) AB（または ABA）積層と (b) ABC 積層．AB 積層の場合には，鉛直に伸びた線上に原子が並ぶ炭素原子があるが，ABC 積層の場合には，鉛直な線が3つの面のうち1つの面は6角形の中心を通る．天然の単結晶グラファイトの90％ぐらいが AB 積層で，10％ぐらいが ABC 積層である．(c) ねじれ構造の2層グラフェンの格子．上の層と下の層で θ_{TW} だけずれている．上の層と下の層あわせた単位胞は，大きな平行四辺形のようにかかれる．ナノチューブの展開図と似たような議論ができる．

のグラファイトにも 10％ぐらい存在する．この ABC 積層のグラファイトをRhombohedral graphite と呼び，ABCABC... のように積層する．AB 積層とABC 積層は，X 線を用いた構造解析で区別できる[28]．

　層の重なりかたがずれた構造を乱層（turbostratic）構造と呼ぶ．とくに2層の場合，ある原子を中心に2層がある角度回転した，ねじれ構造の2層グラフェン（twisted bilayer graphene）を人工的に作ることができる．ねじれ構造の単位胞は，ナノチューブの場合のように (n, m) で指定する単位胞を定義できる（図 3.6(c)）．最近の研究によるとねじれ構造によって電子状態が変調されることが理論的に計算されていて，電子の速度を変えることができるなど興味深い結果が提案されている [27, 28]．

　実際のグラフェンやグラファイトの結晶は多結晶であり，100 nm～1 μm の大きさの結晶が集まった形になっている．自然界には単結晶グラファイトを見出すことがあるが，非常に貴重なものであり，一般に高価なものである[29]．

3.4.2　多層ナノチューブ★★

　3.3 節で説明した円筒形の層が1層のナノチューブを**単層ナノチューブ**（single

---

[28] ラマン分光（光の非弾性散乱）でも区別できる (8 章) [26]．
[29] 人工的に合成された単結晶グラファイトをキッシュグラファイトと呼ぶ．1 g で 10 万円以上の値段がする．グラフェンをセロハンテープで剥離する実験で広く利用されている．

3.4 多層構造★★

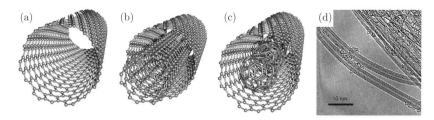

図 3.7 (a) 単層ナノチューブ，(b) 2層ナノチューブ．(c) C_{60} 分子を内包したナノチューブ（ピーポッド）．3層以上に同心円筒上になったナノチューブを多層ナノチューブという．(d) ナノチューブ間の引力によってバンドルと呼ばれる束構造ができる．バンドルの透過電子顕微鏡写真（名古屋大学の北浦良先生のご厚意による）．

wall carbon nanotube, SWNT[30]，図 3.7(a)）と呼ぶ．木の年輪のように1層以上まいたチューブを**多層ナノチューブ**（multi wall carbon nanotube, MWNT）も存在する．特に2層の場合を，2層ナノチューブ（double wall carbon nanotube, DWNT，図 3.7(b)）と呼ぶ[31]．気相合成カーボンファイバー（炭素繊維）は，多層ナノチューブの太くなったものである[32]．多層の度合いがすすむと円筒形を保つより，部分的に平面的になり六角柱の層が重なった構造になる．これをファセット化と呼ぶ．実験で観測される単層ナノチューブは，キャップと呼ばれるフラーレンの半球で閉じている（図 3.5 参照）．よくナノチューブはグラフェンを円筒状に丸めたもの，と表現されるが実際のナノチューブをグラフェンを丸めて合成することはできない．逆にナノチューブを高温にすると，円筒形構造が壊れてリボン状の細長いナノリボンと呼ばれる細長いグラフェンの構造ができる [29]．ナノチューブ合成では，金属触媒上にキャップができて，キャップを開始点としてナノチューブが成長すると理解されている（図書 1）．ナノチューブの円筒の中に C_{60} 分子が入ったものをピーポッドという（図 3.7(c)）．

単層ナノチューブ間の引力（ファンデル・ワールス力）によってくっついて

---

[30] single-walled carbon nanotube と呼ぶ人もいる．略すときは SWCNT となるべきであるが，論文等では SWNT と書く場合が多い．誰かが使うと他の人が同じ風に呼ぶのが普通である．また炭素以外のナノチューブがあまり多く研究されていないので，C をつけなくても問題がない．

[31] DWNT は，電子放出源として低閾値電圧，長寿命の利点を持っている．また SWNT に比べて DWNT はナノチューブを曲がりにくい．内側のナノチューブが曲げに対して変形しにくいからである．

[32] カーボンファイバーの構造は同心円筒の構造の他には，紙コップを重ねたようなカップスタック構造が知られている．

束になる．これを**ロープ** (rope) または**バンドル** (bundle) と呼ぶ（図 3.7(d)）．大量合成したナノチューブはバンドルになってしまうので，これをどうやってバラバラにするかが問題である．次の章ではフラーレンやナノチューブが，どのように合成するかを説明する．

ティータイム 4

研究者（教授）になるのには何が必要ですか？と聞かれることも一般向けの講演会でよくあることである．答えにくい質問であるが，数種類の答えを状況に応じて使っている．常識的な答えとしては (1) 博士課程に進み博士の学位を取ること，(2) 研究を持続的に意欲的にできること，(3) 良い指導者に出会うこと，(4) 体や心が健康であり，経済的に健全であること，(5) 無理ない範囲で，より良い研究環境を得る努力をすること，などがある．意見の分かれる答えとしては，(a) 良い指導者の正しい理解者であり，強力な共同研究者であること，(b) 目の前の運を逃さないこと，幸運を大事にすること．(c) 論文や，学会の発表をおろそかにしないこと，(d) 人の意見に耳を傾け，自分の健全な意見を持つこと，(e) 多くの共同研究者と接する機会を持つこと，(f) コミュニケーション能力，プレゼン能力をつねに磨くこと．その他，よく聞く答えとしては，(A) 人のしないことをすること，(B) 諦めないこと，失敗を多くすること，(C) 何が研究者として適切な行為かを考えること．(D) 手順を考えること．特に将来を予想すること，(E) 他の人との協調性を失わないこと，などがある．自戒の念を込めてあげてみた．

そして，最後に出てくるもっとも重要な答えは，上のすべてを満たすような研究者は決していないこと，である．著者のまわりにも，実に個性的な研究者が多い．その良し悪しは，簡単にはいえない．ちょっと変わっている方（本人は変わっていると決して思っていない）が良い研究者の場合も少なくない．著者も変人にはなりたくないが，世の中の人から少し（だいぶ）ずれているようである．いろいろ欠点が多いことは反省しているが，それなりに研究ができていることには感謝している．多くの職業と同じように，幸せに長生きして，あきないで続けることが肝心なようである．

第4章 ナノカーボンの合成★★

　ナノカーボンはすべて人工的に合成された物質である．ここではその合成法について方法別に説明する．また，フラーレンやナノチューブにはさまざまな形があり，混ざって合成されるので，合成後に形による分離や精製が必要である．本章では分離，精製方法も紹介する．

4.1　レーザーアブレーション法，抵抗加熱法，アーク放電法★★

　フラーレンやナノチューブを合成する際，丸い構造を作るために5角形を作ることが必要であるが，5角形は6角形に比べて安定な構造ではない．どのように5角形が作られるかというと，炭素の小さいかたまり（炭素クラスター）を高温から急速に冷却したときに，結合の手がぶらぶらしている[1])炭素原子が分子振動しながら近接の原子と『とりあえず』結合を作ることで5角形が発生する．炭素クラスターを作るには，(1) 炭素原子を蒸発させるための高温と，(2) 適当な冷却スピード，の両方が必要である．

　1985年にクロトーらは，グラファイトに強力なレーザーを照射して炭素原子を蒸発させ[2)]C_{60}を合成した（図2.1）[1]．この方法をレーザーアブレーション法と呼ぶ．同じグラファイトに，鉄，コバルト，ニッケルなどの金属触媒を混ぜて，レーザーアブレーション法を適用すると単層カーボンナノチューブが合成される [30]．

　レーザーアブレーション法は，蒸発した原子クラスターを電子顕微鏡で観測

---

1) 化学結合がつかず離れずの状態で，ぶらぶらした結合の手を，ダングリングボンド（dangling bond）という．炭素原子の場合 1000 ℃以上で原子は激しく振動し，瞬間的に結合の手が切れることがある．
2) レーザーを照射した部分から煙のようなものが発生する．これをプルーム（plume）という．プルームには炭素クラスターが含まれる．

したり [31]，別の基板上に成膜するために実験室で広く利用されているが，試料として大量に合成するのは適さない[3]．大量に合成するにはレーザーを用いずにもっと簡単な方法で高温にする必要がある．

1990年にクラッチマーらは，グラファイト抵抗に大量の電流を流して加熱（抵抗加熱）する方法で炭素原子の昇華[4]を行い C_{60} の大量合成（グラム単位）に成功した [32]．抵抗加熱を効率よく行うために，2つのグラファイト棒の先を鉛筆のように尖らせて接触して，接触点での電流の密度が高くなるようにしている．同年にスモーリーらは，2つのグラファイト棒の間隔を少し離すとアーク放電[5]が起き，より効率よく高温を発生することを見出した [33]．これにより実験室レベルでは，グラム単位のフラーレンができるようになった．

上にあげた3つの加熱方法では，炭素が燃えないように酸素のないヘリウムガス雰囲気中で行う必要がある．また気体の対流が起きグラファイトの棒の温度が下がりすぎないように大気圧より低い0.1気圧程度で行う．真空中で行うと温度が上がるが，逆に対流が起きず，フラーレンの煙が流れないし温度コントロールがうまくできないので，フラーレンの合成がうまくいかない．今日までの多くの研究でガスの選択や，圧力や温度のコントロールは最適化されている（図書 1, 9, 15）．

4.1.1 すすからフラーレンの分離，クロマトグラフィー★★

昇華して出てきた炭素は，すす（煤，soot）と呼ばれる黒い物質である[6]．C_{60} などフラーレン分子からできているすすは，ベンゼンなどの有機溶媒に溶かすことができる [33]．C_{60} が溶けると赤い色になるので溶解している状況は目に見える（図 2.5）．

有機溶媒に溶けずに沈殿した物質を除いた溶液中には，C_{60} 以外にも C_{70} など多くの種類のフラーレン分子が溶けている．また例えば，1つの分子式 C_{84} だ

---

[3] レーザーアブレーション法の実験装置で1日かけてナノチューブ集めても数 mg しか得られない．1 mg の量は実験室で使うには十分である．

[4] 固体から液体を経ずに気体になることを昇華という．ドライアイス（CO_2）や防虫剤の材料であるナフタレンなどが昇華の例である．

[5] 大気圧に近い気体中で，光と高熱を伴う放電．アーク灯などに利用されている．雷もアーク放電である．他の種類の放電としては，熱を供わないコロナ放電がある．

[6] 整備不良のトラックから出る黒い排気ガスも，すすであるがこの中にはきれいな形のナノカーボンは入っていない．ナノカーボンは，合成条件を満たしたときにだけできる．

けでも5角形の位置が異なる異性体[7]が存在する（図書10）．これを分離精製するのには，カラムクロマトグラフィーを用いる（図2.5）．クロマトグラフィーとは，溶液中の物質と別の物質の吸着力の違いを利用した分離方法である[8]（図書10）．フラーレンの分離では，アルミナ（Al_2O_3）の微粒子を充填したカラムと呼ばれる円筒の端から，さまざまなフラーレンが溶けた溶液を入れて圧力をかけると，溶液がアルミナ中を通って出口に出てくる[34]．最初に出てくる溶液には小さいフラーレンが含まれているが，次第に大きなフラーレンが順番に出てくる．これはフラーレンがカラム中のアルミナ微粒子のすき間を通りぬけるときに，通り抜けやすさの差によって，出口に到達する時間が異なるためである．

出口にどんなフラーレンが出てきているか調べるには，フラーレンの光吸収を測定する装置[9]をつけて，光吸収の様子が変わったところで，別のフラスコに置き換えて溶液を採取すれば，フラーレンを分離できる（図2.5，図書9）．

分子量が近いフラーレンや，異性体のフラーレンはカラムの中の通りやすさが似ているので分離が困難である．このため，(1) カラムの長さを長くする，(2) 繰り返し通す，(3) カラムにかける圧力を変える，などいろいろな条件を変えるなど工夫が必要である．これらの異性体が分離できたかどうかは，NMR（核磁気共鳴）を用いて確認できる[10]（図書9,10）．

---

[7] 同一の分子式で異なる構造をもった分子または物質のことを異性体と呼ぶ．特にお互いが鏡に映った関係にある異性体を鏡像異性体と呼ぶ．似たような言葉で同素体（同じ原子でできていて異なる物質，ダイヤモンドとグラファイト）や同位体（同じ原子番号の元素で，中性子の数が違う元素，例えば ^{12}C, ^{13}C, ^{14}C）があるので注意が必要である．

[8] 例えば，コーヒーの紙フィルターを使った後，乾いてしまったものを観察すると，コーヒーの色がフィルター上に染み込んでいるが，コーヒー豆があった場所を中心に模様があるのがわかる．これはフィルターに水が染みていくとき，コーヒーの成分が一緒に移動したことを意味する．フィルターとの吸着力の弱いものほど，水が染みる先端まで移動できる．この原理を利用したのが，ペーパークロマトグラフィーである．

[9] フラーレン分子は，それぞれの構造によって異なる波長の光を吸収する．実際に溶液の色はフラーレンによって異なる．溶媒に溶けた光の吸収量を光の波長の関数としてグラフにしたものを，光吸収スペクトルという．この装置を出口の部分に取り付けて，別の波長の光を吸収するようになったら，異なるフラーレン分子が出てきたと判断することができる．

[10] NMRでは，特定の原子核のもつ小さい磁石（核スピン）の向きを変える実験をする．^{13}Cの原子核には核スピンがあり，この核スピンの向きを磁場と反対方向に変えるためには磁場に比例したエネルギーが必要であるが，外から与えた電波を吸収することで（核磁気共鳴吸収）核スピンの向きを変えることができる．この共鳴振動数は，原子核が置かれている位置のわずかな差も振動数の差として現れる．NMRの実験では，

4.2 化学気相成長によるナノチューブ合成 ★★

単層ナノチューブの合成は，1993 年にアーク放電 [14,15]，また 1996 年にレーザーアブレーション法による合成法が提案 [30] されたが，合成量が少ないなどの課題が残されていた．どちらの方法においても，鉄やニッケルの触媒微粒子がナノチューブの合成に必要である．触媒の種類や，合成条件（温度，圧力）などが幅広く研究された（図書 9）．ここで触媒の役割は，(1) 金属触媒と炭素は，単独の場合の融点より低い温度でお互いに溶け合う（共融）[11]，(2) (1) 共融した状態で温度を下げると，おもに炭素が触媒中に溶けきれず，表面に析出する，(3) 触媒の表面でキャップと呼ばれるフラーレンの半球ができ，(4) キャップを出発点としてナノチューブが成長する，というものである [35]．

1998 年コン（J. Kong）らは，1000 ℃の酸化鉄触媒にメタンガスを供給することでナノチューブが合成できることを示した [36]．メタンガスは 1000 ℃の温度では，C-H 結合が切れ炭素が触媒中に溶け込む．つぎにこの触媒の温度を下げると触媒からナノチューブの成長が起きる．このような方法は，化学気相蒸着（Chemical Vapor Deposition, CVD）と呼ばれる．CVD を用いた成長を化学気相成長と呼ぶ．コンらの方法は遠藤が 1980 年代に気相成長で炭素繊維（Vapor grown carbon fiber, VGCF）を合成した原理と同じである [37]．1996 年に遡るが，ダイ（Dai）らは 1200 ℃の CO ガスを用いた単層ナノチューブ成長を報告していた [38]．

CVD の方法の採用によって，アーク放電やレーザーアブレーションのように 3000 ℃を越える高温は不用になり，1000 ℃以下でも合成ができるようになった．そして合成温度を下げると，合成されるナノチューブの直径も小さくなる傾向にあることもわかってきた（キャップが早く閉じるため）．CVD 法はその後 15 年間かけて改良が加えられた．1999 年，スモーリーらは 1000 ℃の高圧 CO ガスを原料ガスとし $Fe(CO)_5$ を触媒とする方法（HiPCO 法）[39]，2002 年

物質に一定の振動数の電波を与えながら，電磁石の作る磁場を少しずつ変化させて光が吸収を起こす磁場を求める．理論の結果と比べて実験を再現する同素体の構造を決定することができる．

[11] 一般に，2 つの物質を混ぜると融点が下がる（共融点）．これを利用して合金が作られる．はんだづけ，に使われるはんだは，鉛とすず（最近は鉛をつかわないはんだもある）の合金である．

図 4.1 (a) 化学気相蒸着（CVD）装置．電気炉（700～1000 ℃）に入れた石英管中に触媒がついた基板をいれ，アルゴンとエタノールを入れたガスを入れると触媒からナノチューブが成長する．(b) 基板に垂直に揃って成長した単層カーボンナノチューブ（走査型電子顕微鏡（SEM）写真）．1 本の毛のようなものがバンドルと呼ばれる束．高さは 5 μm．根元に触媒粒子が見える（東京大学丸山茂夫先生のご厚意による）．

丸山らは，エタノールガスを用いる CVD 法を発表し，垂直に揃ったナノチューブ合成に成功した [40,41]（図 4.1）．

原料ガスにおける水素と酸素の役割は，(1) 炭素の結合を終端し，低い温度でガスとして炭素を触媒に送り込むことができる，(2) 1000 ℃ぐらいで原子状になる酸素は，ナノチューブにならなかった不純物炭素を選択的に酸化することで除去できる，などである．CVD 合成を行うとしだいに金属触媒表面が炭素原子で被われてしまい，外からの炭素の供給ができなくなる『触媒の不活性化』が起きる．その結果ナノチューブの成長が止ってしまう問題があった．2004 年，畠らは触媒の表面についた炭素を取るために，高温にした水（水素と酸素）をいれることが有効であることを見出した（スーパーグロース法）[42]．さらに 2005 年，齋藤（毅）らは，従来の CVD の触媒は基板状に固定していて連続生産が困難だった問題を，原料ガス中に触媒微粒子を噴射することによって解決した（eDips 法）．これにより連続成長が可能になった [43]．

CVD の方法は，グラフェンの合成にも広く用いられている．銅やプラチナ[12]表面上で結晶成長すると分解された炭素原子が金属表面状を動き回り，単原子層の結晶成長ができる [44]．結晶成長条件をうまくすれば大きさ 1 mm から 1 cm

---

[12) 銅やプラチナは，炭素と合金を作りにくい金属であり，炭素原子が金属中に溶け込みにくい．したがって炭素原子は金属表面上を動く（拡散する）ので，グラフェンができる．一方鉄やニッケルは炭素原子を容易に溶け込むことができ，ナノチューブや炭素繊維の触媒として働く．

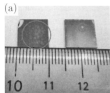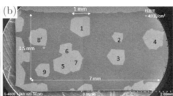

図 4.2 (a) 銅箔状に成長した単結晶グラフェンの写真．丸の中に複数の 1 mm の大きさの結晶が見える．(b) 銅箔状に成長した単結晶グラフェンの走査電子顕微鏡写真．番号のついているのがグラフェン．(c) グラフェンの CVD 合成装置．中央に電気炉とガラス管が見える．背後の扇風機は，電気炉を急速に冷やすときに利用する（九州大学吾郷浩樹先生のご厚意による．）.

ぐらいの大きな単結晶[13])を成長もできている（図 4.2）．しかしこのような単結晶成長には，1 つの核からの成長が必要であり[14])異なる核から成長した 2 つのグラフェンの結晶が重なるようになったとき，1 つの単結晶になるようにつなげることができない[15])．したがって CVD でいくらでも大きな（例えば 1 m×1 m）のグラフェンフィルムを作ることができる [45] が，得られる大きなフィルムのグラフェンは多結晶グラフェンである．

4.3　ナノチューブの分離精製法★★★

合成されたナノチューブは，いろいろな直径や螺旋度が混ざったバンドル（束構造）である．これを分離して，1 つの (n, m) のナノチューブを分離するのは，当初は不可能と考えられていた．フラーレンの分離法であったカラムクロマトグラフィーは使えないからである．その理由は，(1) ナノチューブは溶媒には溶けない，(2) ナノチューブは分子量が大きいのでカラムを通過しない，(3) (n, m)

[13)] 結晶の構造が結晶の端から端まで欠陥なくできている結晶を単結晶という．小さな単結晶が集まってできた物質は多結晶という．水晶や宝石は大きな単結晶であり，貴重である．大きな単結晶を作るには，単結晶を作る長い成長時間と成長する空間が必要である．
[14)] 雪の結晶も，海水が蒸発したときに精製された微小な塩の粒を核からの成長することが知られている．
[15)] 単結晶は 6 角形の形をしているが，その向きは単結晶ごとに揃っていない．また 2 つの結晶が接するところの炭素原子間の距離が，通常の C-C 間の距離にならないので，5 角形や 7 角形が多くできてつながる．2 つの単結晶をピッタリつなげて 1 つの単結晶にする技術は著者が知るかぎり無い．

のわずかな違いより，ナノチューブの長さの違いの方が大きいからである．しかし田中・片浦らはこの問題を順番に克服し，2011 年単一 (n,m) 試料の分離を 13 個の (n,m) で実現した [25]．この歴史をたどってみよう．

グラフェンやナノチューブの表面は，油のように水をはじく性質がある（疎水性）．したがって，ナノチューブを水に溶かすには，ナノチューブ表面に結合し水に馴染む性質（親水性）をもつ物質をつければよい．こういう物質を一般に界面活性剤という[16]．界面活性剤は，親水性と疎水性をもった部分（親水基と疎水基）を 1 つの分子にもつ物質である．油の塊に界面活性剤を加えると，油の表面に界面活性剤の疎水基がつき，外側に親水基を向けた球状の構造（ミセル構造）ができる．ミセル構造では，外側は親水基に囲まれているので，水に溶けることができる．ナノチューブも界面活性剤で水に溶かすことができる [46]．ただし，合成時のナノチューブは，ナノチューブどうしの引力によってお互いに絡み合った，バンドルと呼ばれる構造をしているので，バンドルの間に界面活性剤を染み渡らせる必要がある．そこで溶液に超音波[17]を長時間当てる処理を行う．ナノチューブが水に溶けたかどうかは，溶液の色で判断できる [25]．ナノチューブは，直径に依存していろいろな波長の光を吸収するからである（図 4.3）[18]．

水に溶けたナノチューブを，大きさで分離するクロマトグラフィーではナノチューブの精製は不可能であるように思えた．超音波処理したナノチューブの長さが揃っていないからである．長さが揃っていないナノチューブを分離するには密度の違いを利用する必要がある．しかしカーボンナノチューブは，(n,m) によって金属にも半導体にもなるが，直径が同じなら密度の差はない．

2006 年アーノルドらは，密度の差を作るアイデアを提案し，金属ナノチューブと半導体ナノチューブの分離に成功した [47]．そのアイデアは以下のとおりである．界面活性剤には，金属ナノチューブにつきやすい界面活性剤（SDS[19]）

---

[16] 界面活性剤の身近な例は，石けんである．石けんには界面活性剤が含まれていて，油汚れなど水に溶けにくい汚れを水に溶かす役目を担っている．界面活性剤にはいろんな種類があり，どのように混ぜるかの工夫でいろいろな用途の洗剤ができる．

[17] 超音波は，眼鏡屋の店先にあるメガネクリーナーなどにも使われる．ナノチューブの場合には，もっと強力で周波数の高い超音波が使われる．超音波処理をすると，バンドルがほどけるが，一方ナノチューブが切れて短くなる問題がある．

[18] ナノチューブを分離すると，溶液の色はさまざまな色のものを作る．色は白色光から吸収した光の波長を除いた光の色である．

[19] sodium dodecyl sulphate，硫化ドデシルナトリウム．

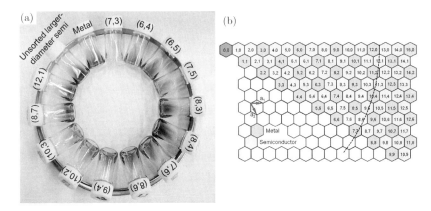

図 4.3 (a) 分離したナノチューブ（色がそれぞれ異なる）．(b) (n, m) の図．分離した (n, m) の分布を示す（産業技術研究所片浦弘道先生のご厚意による）．

と，半導体ナノチューブにつきやすい界面活性剤（SC[20]）がある．ここで SDS の密度が SC の密度より大きいことを利用して，『界面活性剤のついたナノチューブ』を遠心分離機[21]にかけて，金属ナノチューブと半導体ナノチューブを分離することに成功した．この実験でのアイデアは，2 つの界面活性剤の密度が違うことで，密度がほとんど同じナノチューブが分離できるということである．この方法を密度勾配遠心分離法と呼ぶ．

半導体ナノチューブと金属ナノチューブの分離（半金分離と呼ぶ）は，半導体デバイスとしての素材としての半導体ナノチューブと，電気を流すための素材としての金属ナノチューブを，用途に応じて分けられるので，応用においては非常に大きな進歩であった[22]．この方法は，実験室レベルでナノチューブを精製できたが，工業的にはコストがかかる問題がある．また半導体ナノチューブの中で，さらに 1 つの (n, m) のナノチューブを分離精製することはこの方法では不可能であった．

---

[20] Sodium Cholate hydrate，コール酸ナトリウム
[21] 密度の異なる物質は，重力でも水と油のように分離するが，その分離を早くするために高速に回転する装置．洗濯機の脱水を想像してもらえばよい．また牛乳から生クリームを分離する方法である．遠心力によって，軽い生クリームが内側に分離する．
[22] この方法が発見されるまでは，ナノチューブの束に電気を流すと，金属ナノチューブだけに電流が流れジュール熱が発生するので，酸素があるところで電流を流して金属ナノチューブだけ燃やすという方法が提案されたこともあった．この方法では，金属ナノチューブを残すことはできない．

4.4 アガロースジェルを用いたナノチューブ分離法★★★

　大きなブレークスルーは，生物科学出身の研究者である田中丈士がもたらした [48]．ところてんや水羊羹などを固めるのに使う寒天（カンテン）は，プルプルしたものを作るときによく使われる．このプルプルしたものをジェル[23]と呼ぶ．寒天の主成分をアガロースジェルという．アガロースジェルは，『プルプル』したものであるがジェルの本体はスカスカした網目構造をしたもの（図4.4(a)）で，この中を物質が通り抜けることができる．このアガロースジェルは，生物科学では大きさの異なるたんぱく質や DNA（遺伝子）の分離で広く使われている材料である[24]．

　2008 年，産総研の片浦のグループに加わった田中は，SDS（界面活性剤）で水に溶かした（分散した，という）ナノチューブは，アガロースジェルの電気泳動によって金属と半導体を分離できることを発見した [48]．遠心分離機を用いないので，はるかに簡単でかつ短時間（30 分）でできる方法である．この方法はその後，次々と改良され，最終的には，異なる (n,m) のナノチューブを分離できる画期的な方法として発展することになる（図 4.3)[25]．2009 年には，ナノチューブが入ったアガロースジェルを凍らせたのち，ジェルを絞ると金属ナノチューブだけが出てきて，ジェルに半導体ナノチューブが残ることを見出した [49]．半導体ナノチューブの方が金属ナノチューブより，アガロースジェルにつきやすいことを意味している．またこの方法では電場をかける必要すらないことになる．残った半導体ナノチューブは別の活性剤 DOC[26]を通すことで

[23) gel, ゼリーの言葉の元．化学の言葉ではゲルというがアガロースジェルの場合はこの英語読みの方が通るのでこちらを用いる．ゲルに対する言葉としてドロドロしたものをゾルという．液体や気体はゾルである．殺虫剤でエアーゾルという言葉を聞いたことがあると思う．寒天を温めてドロドロしたものが固まる現象をゾルゲル転移という．
24) いろいろな種類の DNA が混じった溶液をアガロースジェルに通して，両端に電極をつけ電界をかけると電気の力で DNA が動くが，DNA とアガロースジェルの網目構造の大きさや吸着力の差によって移動量が異なる．このことを利用して DNA の分離が可能である．この方法は電気泳動（えいどう）法といって，分子生物学や生化学で一般的に用いる方法である．
25) 分子生物学や生化学でよく使われる方法であっても，物理の世界ではまったく知らないことはよくあることである．このように他の分野の技術などが，問題の解決につながることがよくあるが，そこで重要なのが人材の交流である．異なる分野にいた田中がナノチューブの世界に入ることで大きな展開があったことが，極めて重要である．
26) Deoxycholate-Na, デオキシコール酸ナトリウム．

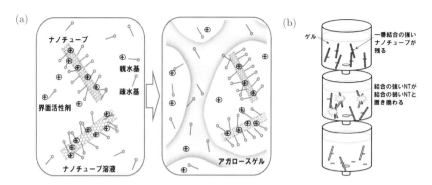

図 4.4 (a)(左) 界面活性剤（ピンの形）の疎水基（ピンの先）がナノチューブ（以下 NT）表面につき親水基（ピンの頭）を外側に向けると水に溶ける．(右) アガロースゲル（以下ゲル）は多孔質の物質である．ゲルに NT 溶液を入れるとゲル表面に NT が吸着する．(b) ゲルで満たされた容器を複数並べ，上から NT 溶液を大量にいれると，さまざまな NT の中で一番結合の強い NT が上段に入る．中段で弱く結合していた NT は，上段から降りてきた結合の強い NT に置き換わる．溶液の入れ方を工夫すれば NT の分離が可能である（産業技術研究所の片浦弘道先生のご厚意による）．

ジェルの外に取り出せることがわかった．そこで次のような手順を考えた．(1) SDS で分散したナノチューブ混合物をジェルに入れ，(2) 上から SDS を注ぐと金属ナノチューブが下から出てくる．(3) 次に DOC を注ぐと半導体ナノチューブ出てくる．ジェルには何も残らないから繰り返し利用できて，工業的にスケールアップも容易である．

実験をするときには，いまどういうことが起きているかを想像することが次の展開に必要である．片浦らは，ジェルから出てきた溶液を繰り返しジェルの中を通すことで，より細かな分離が出きるのではないかと考えた．そこで次のような疑問を持った．

Q: 半導体ナノチューブがついたジェルに，DOC によって一度出てきた半導体ナノチューブ溶液を通すとどうなるか?

答えは，やはり半導体ナノチューブ溶液が出てくるが，同じ半導体ナノチューブでもアガロースジェルに吸着しやすいものと吸着しにくいものがあるので，もとからジェルについていた半導体ナノチューブの中で吸着しにくいものは，後から入れた半導体ナノチューブ溶液の吸着しやすいものに置き換わり，吸着し

にくいものはジェルから排出される．したがって，ジェルに半導体ナノチューブ溶液を大量に通すと，ジェルにはアガロースに最も吸着しやすい半導体ナノチューブだけが残る．この状態で純粋の DOC を注入すれば，最も吸着しやすい半導体ナノチューブだけを取り出すことができる．後は根気よく同じ作業を繰り返せば 2 番めに吸着しやすい半導体ナノチューブ，3 番めに吸着しやすい半導体ナノチューブを精製することが可能である．片浦グループの Liu らは，ジェルの入ったカラム（円筒）を鉛直方向にたくさん並べ，上から半導体ナノチューブ溶液を注ぐことで，上方のカラムから順番に吸着しやすい半導体ナノチューブだけが残ることを示した [25]（図 4.4(b)）．

このようにして得られた，単一の (n,m) の半導体ナノチューブは大変貴重である．なぜなら半導体ナノチューブのエネルギーギャップは，概ねナノチューブの直径に反比例するので，いろいろな直径が混じった半導体ナノチューブ試料でデバイスを作ると，さまざまな大きさのエネルギーギャップが混在するので，デバイスの特性の『切れ味』が良くない[27]．また光デバイスとして使う場合には，1 種類の波長の発光だけ出てくるのはいろいろな波長の発光が混在するより，利用価値が高い．したがってこのように精製した半導体ナノチューブを使ったよりよいデバイスの特性の結果が今後次々と発表されることが期待されている．

4.5　果てしなき挑戦★★★

ナノチューブの発見以来 25 年がたとうとしているが，依然として合成と分離精製の技術は改良が加えられている．このあくなき挑戦は，科学（仕組みを解明する）から技術（より大量に効率よく行う）に大きく変化している[28]．こ

---

[27] 半導体デバイスは，ゲート電極に電圧をかけるとソース電極とドレイン電極の間に流れる電流が流れる（オン）流れない（オフ）の制御ができる．オンのときに流れる電流とオフのときに流れる電流の比をオンオフ比といってこの値が大きいほど消費電力の少ないデバイスができる．オンオフが起きるゲート電圧は，エネルギーギャップの大きさによって異なるので，複数のエネルギーギャップが混じったデバイスでは，1 つの電圧で同時にオン/オフできないので切れ味が悪くなる．

[28] 大雑把にいうと大学では，理学部が科学を，工学部が技術を担当している．実際には，そう簡単に色分けできていなくて入り混じっている．著者も理学部と工学部を渡り歩いてきた．どちらが大事で，どちらが好きか，に対する答えはない．個人の好みであろう．

の章で触れなかった最近の進歩について最後に触れる．読者は，進歩がどういう意味があって，この先にどのような改良が必要かを考えることが重要である．界面活性剤を使った分離は行わずにナノチューブ合成を直接 Si 基板上に行うことが現在では可能になっている．Si の基板は，400 ℃以上に温度をあげると p 型や n 型半導体を作るのに必要な Si 中の不純物が拡散をしてしまうので不都合である．一方でナノチューブは 500 ℃以下で合成すると，構造の欠陥が多いナノチューブができる．中間の 450 ℃ぐらいで基板上でどうやって合成するかが課題である．一方，気体中で合成したナノチューブを基板上にふりかける方法もある．これであると，透明なプラスチックの上にもふりかけることができ，タッチパネルなどに応用が考えられている．基板上にナノチューブで配線する方法として，ナノチューブをインクに混ぜて，インクジェットプリンターで印刷しようという提案もある．すでにこれらの方法を用いてデバイスが作成されている．ナノチューブを合成しながら，細い糸に紡いだり，薄膜を作る技術が進歩している [50]．これらを用いた応用も一緒に進歩している．

前述の密度勾配分離法でも，使う界面活性剤や溶剤を調整することで単一の (n,m) ナノチューブを分離可能になった [25][29]．界面活性剤は，市販の洗剤で使われていて，あらゆる用途に 100 種類を越える界面活性剤がある．さまざまな (n,m) のナノチューブとの相性を調べるため一つひとつ界面活性剤が試されている[30]．界面活性剤を使う上で重要なのが温度である[31]．実験の報告によるとわずか 1 ℃の温度の違いで，ある (n,m) のナノチューブのジェルとの結合が大きく変わる．したがって，分離精製技術では，温度や酸性度などその他のパラメータを変化させて最適化を行う必要がある．

究極の合成技術として多くの研究者が挑戦しているのは，単一の (n,m) のナノチューブだけを合成する手法である．これに一番近い成功例は，CoMoCAT（コモキャット，Co-Mo 合金の触媒）を用いて CVD で (6,5) を多く合成するというものである [51]．しかしまだまだ他の単一の (n,m) の合成は難しい．合成

---

[29] 2 つの異なる方法が競争をするような状況では，うさぎと亀のように抜きつ抜かれつの技術進歩があるのが常である．一方的に 1 つの方法が勝つことはむしろまれである．
[30] 一風変わった界面活性剤は遺伝子の DNA である．DNA は 2 重らせん構造をしているがこれを 1 重にしたものが市販されていて，ナノチューブに朝顔のつるのように巻きついて界面活性剤になる．
[31] 洗剤を使うとき温度設定によっては，全然汚れが落ちなかったり，色物が落ちたりする．

が難しいので，分離精製した単一の (n,m) のナノチューブを核として，CVDでナノチューブ成長を継続することで，同じ (n,m) のナノチューブの長さを伸ばそうという提案もある（クローニング）[52]．

この他，2層ナノチューブを CVD で合成する挑戦は，成功している [53]．単層ナノチューブと比べて，2層ナノチューブは内側の層がある分，曲げに対して強い．したがって強度材料としては，単層ナノチューブより2層ナノチューブの方が良いと考えられている．また内側と外側のナノチューブを金属・半導体のどちらかの性質で選ぶと，4種類のパターンができ，それを応用することが考えられている [54]．

さらにナノチューブの内側に分子をいれた構造（peapod, ピーポッド，えんどう豆 図 3.7(c)）が作られている．また内部に小さな分子をいれてナノチューブ内で分子を重合[32]し，大きな分子を作る技術が確認されている [55]．

有機化学の視点から考えると，大きな分子を合成するのは常にチャレンジングな問題である．ナノカーボンの有機合成においては原理的に3つの大きな問題がある．(1) 有機化学では一般に溶液中で化学反応を行うが，分子が大きくなると溶けにくくなる（溶解度の問題）[33]．(2) 炭素－水素結合を炭素－炭素結合に効率よく直接変換する手法が未確立である（結合変換の問題）[34]，(3) 閉曲面など立体的な構造体を作るのが難しい（網目のサイズの問題）[35]．有機合成

---

[32] 分子をいくつもつなげて1つの大きな分子を作ることを重合という．重合により高分子（ポリマー）と呼ばれる工業的に有用な有機材料ができる．ナイロンなどの化学繊維や合成ゴムの合成は重合反応を用いている．一方ペリレンやコロネン（図 4.5(a)）という分子を重合するとグラフェンをはじめとするナノカーボンが生じるが，その重合は難しい．しかしナノチューブというナノ構造の試験管の中では比較的容易に合成ができる（本文参照）．

[33] グラフェンの場合には，積層による多層化も分子が大きくなる要因になる．溶かすために水酸基 (OH) や脂肪鎖などの側鎖をつけるのが一般的である．しかしグラフェンの本来の特性が失われる問題が生じる．

[34] 炭素－炭素結合を行う反応として，クロスカップリングが有名である．2010 年のノーベル化学賞に根岸英一，鈴木章，R. F. Heck が受賞した．クロスカップリング反応では前駆体（反応を起こすための仕掛けを施した分子）の合成が必要で手間がかかる．また酸化反応を利用して2つの水素原子を取り除きながら炭素－炭素結合を作る方法 ($2C\text{-}H + O \rightarrow C=C + H_2O$) は，直接的で大変魅力的である．しかし炭素も酸化されて CO_2 にならないように酸化をコントロールする必要がある．

[35] 5員環を中心に，6員環が（辺を共有して）5個ついた分子をコラニュレン（図 4.5(b)）という．この分子は C_{60} の部分構造とみなすことができる（図 4.5(c)）．コラニュレンを出発点として C_{60} を全合成（有機化学的な合成だけを用いて複雑な分子を合成すること）をすることはまだできていない．特殊な方法を加えて C_{60} を合成することは成功している (Nature, 454 (2008) 865)．

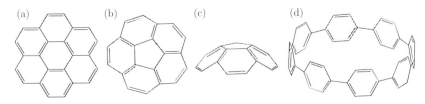

図 4.5 (a) コロネン (b) コラニュレン．中央が 5 角形になっている．(c) コラニュレンを横方向から表示．丸い形をしている．(d) ベンゼン環が多くつながって単層ナノチューブを輪切りにしたようなリング（京都大学依光英樹先生のご厚意による）．

の分野でも，ベンゼン環が数多くつながった分子の合成がいろいろな方法で提案されている．Jasti/Bertozzi，伊丹，山子，磯部らは，（例えば図 4.5d のような）単層ナノチューブを輪切りにしたリングをそれぞれ独自に合成した [56]．化学と材料科学の技術の融合は新たな展開を生む可能性がある[36]．

篠原・北浦らは，ナノチューブ内という閉じた空間でいろいろな分子を重合する反応を開発した [55]．ナノチューブの壁は平坦で，分子の行き来する運動が容易である．このためナノチューブ内に内包された分子は，加熱下で CNT 内を自由に運動し，お互いに衝突する．この際，CNT 内という狭い空間に閉じ込められているため，（配向が制限されつつ）頻繁に衝突が起こり，効率よく分子の重合が進行すると考えられている．この反応は従来の有機化学の手法とは異なり，有機合成における上記の 3 つの問題に対する 1 つの答えを与えている．

ナノカーボンのような分野は，異なる分野を専門とする人どうしが頻繁にであうことが必要である．お互いが常識と考えている知識をあわせると 1+1 が 2 以上になることが多く，このような相乗効果をシナジー効果とも呼ぶ．現代科学は，専門が分化して成長してきたが，実は科学の大きな展開の 1 つの機会となりうるのがこのシナジー効果である．第 2 章ではセレンディピティが発見に重要であることを説明した．その後の科学が大きな発展するためには，研究を忍耐強く継続することが必要である．忍耐強く継続すると次の発見やシナジー効果に出会う確率が増えるからである．

---

[36] 2014 年 8 月に，キャップの展開図の形の分子を有機合成し，(6,6) チューブだけを合成するという論文が発表された．この論文は，合成法のまったく新しい方法である．[35]

────── ティータイム 5 ──────

春から夏にかけての家庭菜園のトップシーズンは，大学に行く前に朝早く起きて一通り野菜の世話をする．作業の中心となるものは，観察である．葉っぱに穴があいていたら，葉を裏返ししたり，根元に手を入れて，虫がいないかチェックする．大体どの辺に，どの虫がいるのがわかっているので，この辺だろう，と葉っぱをひっくり返して虫とバッタリ遭遇したときは虫が，しまった！と緊張しているように感じる．このように，観察力は知識と経験を積むことで向上し，より短時間に的確に状況を把握することができる．

自然科学も，観察がとても大事である．学生が計算機で計算してきた結果などは，非常に注意してグラフを見る．何か不自然な結果は，質問と経験で指摘できる．大抵は計算プログラムのバグ（虫！誤り）が原因であり，どの辺にバグがあるかも想像できる．時々結果が間違っているのでなく，驚くべき（想定外の）結果になることもある．そのときは，本当に正しいか証明するためのステップに移る．もし証明できた場合には，誰かが，この発見を先に見つけていないかドキドキしながら論文を書くのである．

────── ティータイム 6 ──────

著者は納豆が好きである．納豆にはナットーキナーゼという血液をサラサラにする成分があり，脳梗塞の防止に重要ということで，せっせと毎日食べている．納豆は古くから作られていたが，今日の隆盛は北海道帝国大学の半澤洵先生の納豆菌の研究と衛生的な製造方法の開発によるところが大きい．仙台市宮城野区には，半澤博士から製造法を伝授された宮城野納豆がある．この納豆を工場直売で買うと安く，非常においしい．この他宮城県には，「地酒」ならぬ「地納豆」を作る製造所が多くあり，味，固さ，糸引きの具合が全く違う個性的な納豆が楽しめる．「地納豆」にはタレがついていないことが多い．著者の家では，だし醤油，ネギなどの他に，牛乳！を醤油と同じぐらい入れるという秘策がある．牛乳は塩分を引き立てる効果（減塩効果）があり，旨みも強くなるのだ．

第5章 ナノカーボンの応用★

　ナノカーボンは炭素の新素材であり，さまざまな応用が考えられている．何に応用できるかは未知の部分も多い．発想の勝負である．カーボンファイバーなどの炭素材料を用いた既存の応用をナノカーボンに置き換える応用がある．またナノメートルの大きさを利用した応用も考えられる．ナノカーボン材料の応用におけるポイントと課題をまとめてみた．

5.1　フラーレンの応用★

　フラーレン分子の強みは，有機溶媒に溶けることである．これによってフラーレン分子の分離精製が可能であり，精製した分子が結晶を作り分子性固体[1]になる．形のわかっている炭素物質であるので，再現性の高い性能を示す物質を作ることができる（図書30）．

　大量に合成できて廉価なフラーレン分子は，プラスチックなどに混ぜて強度を強化する材料[2]として，バトミントンやテニスラケットに使われている．また潤滑剤としても，エンジンオイルやスキーのワックスの添加剤として市販されている．潤滑を得るには，微小で分子間結合（摩擦）が小さい球形の物質が最適であり，さらに高温でも変性しないことが条件である．フラーレンは，これらの条件を満たしている（図書30）．また C_{60} を蒸発させ，基板の上に成膜

---

[1] 固体を構成する要素は最終的には原子であるが，分子が集まって固体を作る場合もある．分子が集まってできる固体を分子性固体という．分子性固体の場合は，分子と分子の間の結合は，分子内の化学結合（共有結合やイオン結合）より弱いファンデルワールス力や水素結合である．身近な例としては，氷（水分子の固体），ドライアイス（CO_2 の固体）がある．

[2] filler, フィラーと呼ぶ．直訳すれば詰め物，添加剤である．車のタイヤには，ゴムにカーボンブラックという炭素物質がフィラーとして使われている．

するとダイヤモンドに匹敵する膜を作ることができる[3]．

　フラーレン分子に有機化学の方法で，OH や COOH などの反応基をつけて新しい物質を作ることができる．これを機能性分子の開発と呼ぶ．ベンゼン（C_6H_6）からさまざまな物質が合成されたのと同じように，フラーレン分子を出発点とした新しい分子が，非常に多く合成されている（図書9）．この中には，フラーレン内部に別の物質が内包する内包フラーレンも含まれる．ベンゼンから出発とする物質は自然界にも存在する物質が多いが，フラーレン分子を出発点とする物質は，自然界に存在しないので，どのような機能を持つかは未知数であり可能性が高い．このとき生体への安全性チェックが重要であることはいうまでもない（図書30）．

　OH 基をフラーレン分子につけると，フラーレンは水溶性になる[4]．フラーレンを含む化粧品なども市販されている．ここで重要なことは，フラーレン分子の大きさが人間の細胞（$1\,\mu m$）よりはるかに小さい（$1\,nm$）ことである．化粧品としていくつかの機能を出すときに，大きさが特定の機能に重要なことは予想できる[5]．また，ガドリニウム (Gd) 原子は，核磁気共鳴を用いて体の断面を写す MRI[6] において，造影剤として利用されている．Gd 原子を C_{82} フラーレン中に内包し水溶化した造影剤は，MRI の像の解像度を飛躍的向上するだけでなく，フラーレンに内包することで Gd の身体に対する副作用をなくす効果があるという報告がある（図 5.1）[57]．金属内包フラーレンは大量合成に不向きであり，まだ試験段階であるが，医療への応用が期待できる．

　フラーレン固体にアルカリ金属 (Cs, Rb) をドープ[7]すると，30 K 以上の転移温度なる超伝導体[8]になる [58]．炭素もアルカリ金属も単体では超伝導には

---

[3] タフカーボンという名前で製品化している．従来はダイヤモンド・ライク・カーボン (diamond like carbon, DLC) が刃物の先のコーティングに使われていたが，DLC の固さより非常に固い膜を作ることができる．

[4] OH 基は水分子と水素結合を作る．分子に水分子が付き水に溶けることを水和という．

[5] 著者は専門でないので，化粧品としての機能に関してはコメントできないが，例えば皮膚細胞に保湿機能を与えようと思ったら，細胞より小さい物質の方が細胞により均質に保湿機能を与える感じがする．

[6] Magnetic Resonance Imaging の略．核磁気共鳴画像法．X 線を用いずに人体の断面図を作ることができる．

[7] 半導体などに別の物質を少し加えることをドープするという．この場合は，C_{60} 分子あたり 3 個アルカリ金属原子を加える．

[8] ☆☆☆転移温度以下の温度で，電気抵抗が 0 になり，磁場を通さない（マイスナー効果）状態になる物理的現象を超伝導と呼び，超伝導になる物質を超伝導体と呼ぶ．金属や酸化物が超伝導になることが知られている．転移温度は現在 150 K=-123 ℃ を

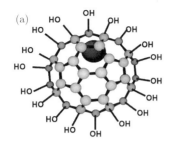
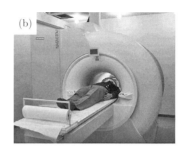

図 5.1 (a) Gd（ガドリニウム）原子を内包した C_{84} 分子．水に溶かすために OH 基（ヒドロキシ基）が複数ついている．Gd@C_{84}(OH)$_x$ と記される．(b) Gd@C_{84}(OH)$_x$ は，人間ドックなどで用いられる MRI（核磁気共鳴画像法）の撮影の際に造影剤として医療への応用が検討されている（名古屋大学篠原久典先生のご厚意による）．

ならない物質であるので，2 つの物質を混ぜることで超伝導体になるのは興味深い．他の高温超伝導体と比べ，転移温度はそれほど高くは無いが，超伝導になる仕組みが異なると考えられている [59] ので，条件を変えてより高い転移温度を実現する可能性をもっている．

5.2 ナノチューブの応用★★

ナノチューブは，従来の炭素材料と同じように強度材料，電気伝導材料，薄膜材料としての応用が考えられる．多層ナノチューブを非常に太くしたものは炭

越える物質がある．超伝導は，強い磁場を発生する超伝導電磁石や，微弱な磁場を測定する装置（SQUID，スクイド）などに応用されている．現在建設中のリニアモーターカーの浮上にも NbTi 合金という物質の超伝導が用いられている（MgB_2 超伝導体コイルの開発も並行して進められている）．超伝導になる仕組みは，電子間に引力が働くとき，電子全体でエネルギーを下げようとする量子的な状態（超伝導状態）が低温で実現することによる．共学の学校で，すべての男子学生と女子学生が 1 対 1 でカップルになる事態は，たぶん『幸せ＝安定』な状態であるが，いろいろ自由の無い状態でもある．電子のすべてが特定のペア（上向きのスピンと下向きのスピン，かつお互いに反対方向の運動量をもつ 2 つの電子の組）を組み，1 つの組で一緒に運動するのが超伝導（BCS）状態である．超伝導状態は，電子の間に引力があるときはペアを作ることでエネルギー的に得であるが，外からエネルギーを自由にもらうには不都合な状態である．したがって温度をあげて，外から熱エネルギーをもらうと超伝導は壊れて，1 個 1 個の電子が独立に運動する通常の状態に戻る．超伝導状態では，ある程度の電場や磁場をかけても，電子は超伝導状態を保とうとする．この電子の対応が電気抵抗が 0 や磁場を通さない超伝導の現象として現れる．

素繊維である[9]（図書 32,33）．炭素繊維は，他の物質と混ぜて使う複合材として幅広く利用されている．ボーイング 787 は炭素繊維複合材を用いることで機体の重量を軽量化，燃費の 20%改善などを実現するだけでなく，対腐食性や強度も改善したので，機内に加湿器を導入したり，飛行中の内部の気圧をあげるなど機内環境の改善にも貢献した．このような炭素繊維が使われている複合材で，炭素繊維を半径の細いナノチューブに置き換えると，複合材がより均質に，有効に混ざることが期待できる[10]．その結果，機械的性能を著しく向上することができる．また静電気除去などの目的のために，プラスチックにナノチューブを混ぜて電気伝導性を持たせるが，他の炭素物質に比べ少ない量のナノチューブの量で，材料の端から端まで電気を流すことができる（図書 30,31）[11]．

　細長いナノチューブで薄膜を作ることができる [60]．この場合，膜といってもナノチューブが海苔のように網目状にからまった構造をしたものである[12]．このような膜の両端に 2 つの電極をつけると電流が流れる．電流は複数のナノチューブを経て，一端からもう一端に流れる．このうち，金属ナノチューブは全体の 1/3，半導体は 2/3 存在すると考えられるので[13] [10]，半導体ナノチューブの部分によって半導体デバイスとしての特性が期待できる．例えば，2 つの電極間の膜上に絶縁層をはさんで，3 つめの電極（ゲート電極）をつけ電圧をかけると，電圧をかけたときだけ半導体ナノチューブの部分に電流が流れる．このような仕組みで電流を流したり止めたりする半導体デバイスを，電界効果トラ

---

[9] 多層ナノチューブの直径を大きく（3 nm 以上）していくと，ナノチューブの断面が年輪のような同心円状ではなく，6 角形に変形する．これをファセット化という．炭素繊維ではファセット化が起こり内側の面と外側の面が平面で平行になるのでより安定になる．しかしナノチューブの持っている性質（半導体になるなど）はなくなる．

[10] 例えば，『ごぼう』と『こんにゃく』はどちらも植物繊維が混じった食品であるが，食べるときにこんにゃくの植物繊維を感じることはない．これはこんにゃくの場合には水溶性食物繊維が細く均質に混じっているからである．ナノチューブが均質に混じれば，機械強度が部分的に弱いところが現れにくくなる．

[11] ☆☆ナノチューブ 1 本で材料の端から端まで電気を流すことはできない．たくさんのナノチューブが接触して，端から端までつながると初めて電流が流れる．端から端まで電流回路などがつながることをパーコレーション（percolation）と呼ぶ．ナノチューブの量を増やしていって，最初にパーコレーションが実現する濃度をパーコレーション濃度と呼ぶ．ナノチューブは細長いので，パーコレーション濃度は，太い炭素繊維に比べると格段に低い．

[12] bucky paper（バッキーペーパー）と呼ぶ人もいる．

[13] (n,m) で $n-m$ が 3 の倍数のときは金属ナノチューブ，それ以外のときは，半導体ナノチューブである．(n,m) が均質に分布するとすると，金属ナノチューブの存在確率は 1/3 になる．

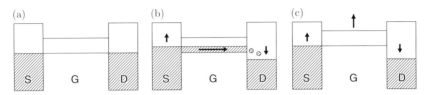

図 5.2 電界効果トランジスター(FET)の仕組み.水の流れとして理解しよう.(a) ソース(S:源)とドレイン(D:排出)には水(電子)がつまっている.S と D の間に管(G:ゲート)がつながっている.(b) S の水位を上げて,D の水位を下げると(SD 間に電圧をかけると)水は G を通じて流れる.(c) (b)の状態で G の位置を上げる(ゲート電圧をかける)と,SD 間に水位差があっても水流は流れない.G の位置を上げ下げすると水流のスイッチができる.S と D の材料として金属電極,G の材料としてシリコンやナノチューブが用いられる.

ンジスター(FET)という(図5.2)[14].ナノチューブ薄膜で電界効果トランジスター(CNTFET)ができる [61].薄膜は金属電極以外は透明である(図5.3).ただし,試料の中にはさまざまな直径の半導体ナノチューブが混在しているので動作がそれほどシャープではない[15].半導体ナノチューブだけに分離した試料を使って薄膜を作れば,より良い性能がえられる.さらに 1 種類の (n,m) のナノチューブで薄膜を作ったり,さらに 1 本のナノチューブでトランジスターを作ると性能向上が期待できるが,現在進行形の課題である[16].透明なプラスチック膜上にナノチューブトランジスターを組み込み集積回路ができている(図 5.3)[62].

ナノチューブ薄膜を,電気を流す透明伝導膜として応用することも提案され

---

[14] field effect transistor(FET).半導体ナノチューブはエネルギーバンド(図5.2の管の部分)という電流が流れるエネルギーの範囲と,エネルギーギャップという電流が流れることができないエネルギーの範囲(管以外の部分)がある.ゲート電極をかけて,エネルギーバンドの位置を上下して,電流のスイッチ操作をすることができる.図 5.2 の管の位置を低くして S と D の両方で水がつまっているところに管をつけたとき,水であれば水圧(重力)で管の中を流れるが電子の場合には流れない.S 側に電子が占有して,D 側に電子が非占有の場合だけ電流が流れる.

[15] 動作がシャープとは,ゲート電圧の変化に対して,電流がキチッと止まらないことである.これは図5.2で管の位置がナノチューブの直径で異なるため,あるゲート電圧では管の位置が高いナノチューブだけ電流が止まり,他のナノチューブでは依然として電流が流れるからである.動作特性の異なるナノチューブが混在することが動作特性が鈍るのである.1 種類(または 1 本)のナノチューブだけで FET ができれば,この問題は解決する.第 4 章脚注 27 でも説明した.

[16] 1 本のナノチューブのデバイスは作ることはできているが,回路として十分な機能を得るにはいたっていない.また,ナノチューブで集積回路は作られているが集積度はまだ低い.技術の進歩により 1 歩 1 歩進む必要がある.

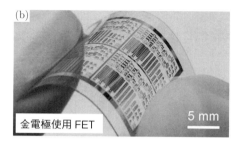

図 5.3 (a) ナノチューブのバンドル（束）を用いた FET (CNTFET)．(b) 透明なプラスチック基板の上にナノチューブ FET を並べた集積回路，ソース，ドレイン，ゲート電極には金電極が用いられている（名古屋大学大野雄高先生のご厚意による）．

図 5.4 (左) ナノチューブ透明伝導膜をタッチパネルに用いたスマートフォン，中国精華大学と Foxconn 社製．(右) ナノチューブを用いた予備 Li イオンバッテリー（東京大学丸山茂夫先生の撮影，ご厚意による）．

ている．スマートフォンなどのタッチパネルは，ナノチューブ透明伝導膜をプラスチック保護膜でカバーし，指などが触れた部分の静電容量の変化を検知するものである．中国精華大学の Fan らは，台湾の企業と共同研究でナノチューブ薄膜をスマートフォンに実装したものを製品化している [63]（図 5.4）[17]．この場合には金属ナノチューブを分離して作った方が性能が良いことが期待できる．

---

[17] ナノチューブのタッチパネルを用いたスマートフォンは 2013 年は年間 1000 万台を越す生産量があったそうである．著者も中国の K. Jiang 先生から 2012 年にいただいたナノチューブのスマートフォンを持っている．日本では外付け SIM カードが使えないので携帯電話としては使っていないが，インドネシアに出張したときに，同行した学生が空港で買った SIM カードを試しに差してみたらスマートフォンとして動作した．予備電源の電池もナノチューブ製（図 5.4）のものもいただいて持っている．

5.3 グラフェンの応用 ★★

グラフェンの応用の多くは，原子層膜としての応用である．ナノチューブ薄膜と同じ目的で透明伝導膜として応用が考えられる [63]．グラフェン原子層の強みは，大面積（1m 幅）のシートもすでにできていることである [45]．もともと 2 次元の物質であるから，透明で電導性がある膜を工業的に実現しやすい形である．もちろん大面積で作られたグラフェンは多結晶であり，グラフェンの究極の性質とは程遠い数値であるのは否めないが，用途によっては実用上問題ない場合もあり，発見当初から大面積シート合成が研究されている．透明伝導膜の要件は透明度（90 % 以上），シート抵抗が $100\,\Omega/\square$[18] 以下がおおよその透明伝導膜の目安である（図書 26,30）．既存の透明伝導膜は ITO[19] があり，近い将来 ITO に置き換わることが期待されている．

グラフェンを利用した半導体デバイスも考えられている．2 層のグラフェンに垂直に電界をかけるとエネルギーギャップが生じる [23] ことを利用するものや，グラフェンを非常に幅の細い（nm オーダーの）短冊状に加工したグラフェンナノリボンが半導体として使えることが報告されている [64]．いずれの場合も，再現性よくエネルギーギャップを作る加工方法が難しく，研究は実験室レベルでしか行われていない．エネルギーギャップがないと電流のオン/オフ比[20] を大きくすることができない．ヤンらは，グラフェンとシリコンの間にショットキー障壁[21] をゲート電極で制御することで高いオン/オフ比を得た [65]．界面

---

[18] 長さ ℓ，電流の流れる断面の面積 S である物質の抵抗 $R\,[\Omega]$ は $R = \rho\ell/S$ で与えられる．R は，長さ ℓ に比例し断面積 S に反比例する．このとき ρ を抵抗率 $[\Omega\mathrm{m}]$ と呼び，形によらない物質に固有の数値である．しかし膜のような断面の厚さが薄い場合には，断面積 S の意味がない．この場合，薄膜の幅を W と置いて抵抗を $R = \rho_s\ell/W$ と表す．このとき ρ_s は，長さと幅によらない定数であり，また次元が抵抗と同じなのでシート抵抗と呼ぶ．シート抵抗と R と区別するために，シート抵抗の場合には $\Omega/\square$ という単位の表記（シートあたりの抵抗）を用いる．

[19] indium tin oxide，スズドープ酸化インジウム．液晶パネルなどに広く用いられている．インジウムが希少金属でありすべて輸入に頼っているので，インジウムを使わない透明電極が望まれている．

[20] 半導体をスイッチ素子として使う場合には，オンのときは電流が多く流れ，オフのときは電流が流れないことが必要であり，オンとオフの電流比をオン/オフ比と呼ぶ．オン/オフ比が 10^5 程度あれば十分である．

[21] ショットキー障壁とは半導体と金属の界面に発生する電子の感じるポテンシャル障壁のことである．障壁が低い（または薄い）ときは電子はトンネル効果によって障壁を

で電流を制御するのは原理的には理解できるが，界面が原子層レベルで均質であることが必要であり，高い技術レベルが必要である．

単結晶のグラフェン原子層は現在のところ，大きさが1mmぐらいまでなら合成できる（図4.2）．単結晶のグラフェン原子層は，(1) 機械的強度が強く[22]ストッキングのような大きな変形が可能で，(3) 気体分子などを通さない膜が実現する．さらに大きな単結晶のグラフェン原子層を作る技術は急速に進むと思われる [23]．また何に応用するかは，多くの分野の人との議論が必要であろう．

5.4 安全性とコスト，課題と展望★★

このような応用を実際製品として市場に出すには，さまざまな課題をクリアーしないとならない．コストと性能（コストパフォーマンス）は，売る場合に重要なファクターである．高性能の製品が安い値段で提供されると世の中の暮らしが急速に変わる[23]．炭素繊維の価格は1kgで2000円と言われている（図書30）．産業の素材として使うには十分廉価である．ナノカーボンのコストは重さあたりだと，1万倍くらい高いので，今後劇的に値段を下げる生産方法が開発される必要がある．

もう1つの重要な問題は，生体や環境に対する安全性である．化学反応性に乏しい炭素は，本来安全な物質であると考えられてきた．少なくとも毒性はない．しかしナノカーボンの大きさは，ときとして生体内の細胞の代謝（イオンや気体，有機物の出入り）を阻害する可能性がある[24]．このような安全性を調べるためには，長時間の観察が必要であり，短期間の効果で判断するのが困難である．現在の研究では，細胞が外とやりとりするために細胞膜上には10nmぐらいの穴が開いているが，同程度の大きさのナノカーボンによって穴を塞ぐと

透過することができる．ショットキー障壁では金属から半導体方向だけ電流が流れる整流作用があることが知られている．
22) 計算上は猫が乗っても破れないシートができる．第1章脚注9も参照．
23) 著者の世代では，CD，電卓，携帯電話，スマートフォンなど多くの製品が非常に短い間に社会に浸透した．
24) よく知られる例としては，アスベスト（石綿）がある．耐火性もよく化学反応性も乏しいアスベストは，建物の耐火材料やブレーキの材料として広く使われてきたが，細い繊維状の構造であるアスベストを長い期間大量に吸い込むと健康被害があることが報告されている．現在ではアスベストは古い建物から除去されている．

問題になるといった，ミクロな観察がなされている [66]．1 nm ぐらいの小さいナノカーボンはすり抜けられ，また 100 nm ぐらいの大きいナノカーボンは穴を塞がないので，問題がないという報告もある．大きな企業は，安全性の基準のない物質を用いた製品は社会的な責任上作ることができないので，たとえ性能やコストが見合っても開発の段階で製品化を断念する場合も少なくない．今後の安全性評価の基準作りが緊急で重要な課題となっている．

―――― ティータイム 7 ――――

科学の言葉で，安全とか，大きいとかいうような形容詞は，単独では使わない．必ず，光の波長に比べて大きい，のように比較すべき基準が必要である．そうでないと，その文章が正しいかどうか評価できないのである．一方人間社会では，比較して形容詞を使うことはない．あなたは誰々に比べて美しい，と面と向かって言ったらひっぱたかれるだけである．

科学のことを一般の人に話すときに，科学の言葉を使うと少し違和感のある堅苦しい表現になる．逆に本書のような科学の本で一般の人向けな表現で書くと，本の編集者（科学者）が根拠の無い（科学的な言葉でない）表現のため，逆にどうして？と疑問を感じるため，わかりにくいと感じる．本書は第 3 章までは，一般向けの話し方で話している．感覚的なわかりやすさを重視した．大学 2 年生の娘（理系）は，第 3 章までは言っていることはわかるといっていた．第 4 章からは，文章を読んだだけではわからないと不平をいってきた．根拠となる言葉がわからないから科学的な表現がわかりにくくなるのである．第 4 章からは，通常の科学の解説を書くようなスタイルに少しずつ増やして，つぎの第 6 章からは通常の科学の話し方である．文章の堅苦しさせずに正確な専門的な科学の話ができるような文才が著者にあれば良いのに，と思っている．

一般の講演会では，普通の人でも専門的な言葉をわからないなりに受け止めて，ちゃんと話の筋にそって質問してくる強者がいる．講演会によく参加する人は，自然と科学の言葉になれているのであると思っている．本書の読者も，次の章からも，科学の言葉にお付き合いいただければ幸いである．

第6章 ナノカーボンの電子状態★★★

この章は，ナノカーボンの科学であり数式を交えた解説になる．大学の理学部，工学部 3 年生の授業で勉強するような内容も含まれているが，できる限り本書だけで理解できるような説明を加えた．まずナノカーボンの性質を理解するために，ナノカーボンの電子状態を紹介する．

6.1 C_{60} の分子軌道★★★

6.1.1 原子軌道を用いた分子軌道★★★

フラーレン分子 C_{60} の電子状態は，分子軌道[1]で記述される．分子軌道とは，分子全体に広がった電子状態のことである[2]．分子軌道を計算する方法を**分子軌道法**という．C_{60} の分子軌道 Ψ_i は j 番め ($j=1,\ldots,60$) の炭素の $2p_z$ の原子軌道 φ_j の線形結合（係数をつけて和を取ること）で以下のように表される[3]．

$$\Psi_i(r) = \sum_{j=1}^{N} C_{ij}\varphi_j(r), \quad (i=1,\cdots,N). \tag{6.1}$$

---

[1] 量子力学という物理の科目では，分子軌道のような電子状態は波動関数 $\Psi(r)$ と呼ばれる関数で記述される．波動関数の Ψ_i の 2 乗 $|\Psi_i(r)|^2$ は，位置 r における電子の存在確率を表す．$|\Psi_i(r)|^2$ を空間で積分すると，確率が 1 になるように規格化されている．$\Psi(r)$ は電子のエネルギー E が最小になるように決められる．E と Ψ を同時に与える方程式をシュレディンガー方程式 $H\Psi = E\Psi$ と呼ぶ．ここで H はエネルギーを与える演算子で，ハミルトン演算子（またはハミルトニアンと呼ぶ）．E と Ψ は，ハミルトニアンの固有値と固有関数で与えられる．興味のある人は，図書 4 を読んでみるとよい．

[2] 例えば，水素分子 H_2 の分子軌道は，2 つの水素原子の 1s 軌道の重ね合わせで書くことができる．

[3] このような近似を，原子軌道の線形結合による分子軌道法（linear combination of atomic orbitals - molecular orbital, LCAO-MO（エルシーエーオー・エムオー））と呼ぶ．

ここで C_{ij} は, i 番めの分子軌道における j 番めの原子軌道の係数(成分)である. $N = 60$ は原子軌道の総数である. 炭素原子には, 1s, 2s, 3 つの 2p 軌道があるが, ここでは電子が占有する軌道でもっともエネルギーの高い軌道 HOMO[4]になる $2p_z$ だけを考える. 炭素原子が 60 個あるので 60 個の $2p_z$ 軌道がある. 60 個の $2p_z$ 軌道はお互いに π 結合を作り, そこから 60 個の独立した分子軌道ができる. 式 (6.1) で表された係数 C_{ij} は分子軌道のエネルギー E_i が最小になる条件で求めることができる. E_i は, 式 (6.1) の Ψ_i を用いて,

$$E_i = \frac{<\Psi_i|\mathcal{H}|\Psi_i>}{<\Psi_i|\Psi_i>} \equiv \frac{\int \Psi_i^* \mathcal{H} \Psi_i dr}{\int \Psi_i^* \Psi_i dr} \tag{6.2}$$

と表される. $<\Psi_i|\mathcal{H}|\Psi_i>$ は, 波動関数 Ψ_i によって, ハミルトン演算子 $\mathcal{H}$ (脚注 1 参照) の期待値の積分を表す記号である[5]. 式 (6.2) に式 (6.1) を代入すると,

$$E_i = \frac{\sum_{j,j'=1}^{N} C_{ij}^* C_{ij'} <\varphi_j|\mathcal{H}|\varphi_j'>}{\sum_{j,j'=1}^{N} C_{ij}^* C_{ij'} <\varphi_j|\varphi_j'>} \equiv \frac{\sum_{j,j'=1}^{N} H_{jj'} C_{ij}^* C_{ij'}}{\sum_{j,j'=1}^{N} S_{jj'} C_{ij}^* C_{ij'}} \tag{6.3}$$

のように原子軌道の積分 $<\varphi_j|\mathcal{H}|\varphi_j'>, <\varphi_j|\varphi_j'>$ に展開でき, これを $H_{jj'}$, $S_{jj'}$ と行列の形で表すことができる. 具体的に $H_{jj'}$ と $S_{jj'}$ は,

$$H_{jj'} = <\varphi_j|\mathcal{H}|\varphi_j'>, \quad S_{jj'} = <\varphi_j|\varphi_j'> \tag{6.4}$$

で定義され, それぞれ**トランスファー積分**(transfer integral), **重なり積分**(overlap integral) と呼ぶ. $H_{jj'}$, $S_{jj'}$ は原子軌道による期待値(定数)であり,

---

[4] HOMO: highest occupied molecular orbital, 最高被占軌道と呼ぶ. これに対し, 電子に占有されていないもっともエネルギーの低い軌道を LUMO (lowest unoccupied molecular orbital) 最低空軌道と呼ぶ. HOMO や LUMO は, 分子の化学結合や化学反応に密接に関係する軌道であり, フロンティア軌道と呼ぶ. 福井謙一はフロンティア軌道の理論で 1981 年にノーベル化学賞を受賞した.

[5] $<\ldots>$ をブラケットという. 積分区間 dr は全空間で行われる. 一般に分子軌道 Ψ_i は規格化されていないので, 式 (6.2) の分母で分子軌道の内積 (1 の期待値) で割っている. 分子軌道が固有関数であれば, 式 (6.2) の右辺はエネルギー固有値を与えるが, 実際には固有関数にぴったり一致しないので, 以下のような微分の操作をする. このような操作を一般には変分法と呼ぶ.

$N \times N$ の行列である[6]．$H_{jj'}, S_{jj'}$ を固定して，エネルギー E_i が最小になるように，1つの j に対応する係数 C_{ij}^* を変化させる[7]．他の $C_{ij'}, C_{ij'}^*$ および C_{ij} を固定して，式 (6.3) の E_i を C_{ij}^* で偏微分すると極小の条件から 0 になる．

$$\frac{\partial E_i}{\partial C_{ij}^*} = \frac{\sum_{j'=1}^{N} H_{jj'} C_{ij'}}{\sum_{j,j'=1}^{N} S_{jj'} C_{ij}^* C_{ij'}} - \frac{\sum_{j,j'=1}^{N} H_{jj'} C_{ij}^* C_{ij'}}{\left(\sum_{j,j'=1}^{N} S_{jj'} C_{ij}^* C_{ij'}\right)^2} \sum_{j'=1}^{N} S_{jj'} C_{ij'} = 0. \quad (6.5)$$

式 (6.5) の両辺に，$\sum_{j,j'=1}^{N} S_{jj'} C_{ij}^* C_{ij'}$ をかけて，さらに式 (6.5) の第2項に式 (6.3) の E_i の表式を代入すれば，

$$\sum_{j'=1}^{N} H_{jj'} C_{ij'} = E_i \sum_{j'=1}^{N} S_{jj'} C_{ij'}, \quad (6.6)$$

を得る．ここで列ベクトル $\boldsymbol{C}_i = {}^t(C_{i1}, \cdots, C_{iN})$ を定義すれば式 (6.6) は，

$$H\boldsymbol{C}_i = E_i S \boldsymbol{C}_i, \quad (6.7)$$

になる．移項して $(H - E_i S)\boldsymbol{C}_i = 0$ としたとき，もし行列 $(H - E_i S)$ に逆行列が存在したとすると，両辺に逆行列をかけて $\boldsymbol{C}_i = 0$ (0ベクトル) となり，式 (6.1) の Ψ_i は分子軌道にならない．したがって，行列 $(H - E_i S)$ に逆行列が存在しないことが必要である．この条件から，行列式は 0 になる．

$$\det(H - E_i S) = 0. \quad (6.8)$$

これが，エネルギー固有値 E_i を求める式になる．[8]

式 (6.8) の式を**永年方程式**と呼び，これを解くことを固有値を求めるという．

---

[6] まとめて行列として考えるときは，H, S はそれぞれ**トランスファー行列**（transfer matrix），**重なり行列**（overlap matrix）と呼ぶ．

[7] C_{ij} は複素数なので，C_{ij} と C_{ij}^* は独立に変化させることができる．

[8] 式 (6.8) は，E_i の N 次多項式になるので，N 個の実数の固有値が一度に求められ，対応する固有ベクトルとしての N 個の分子軌道を求めることができる．N の大きさが，4 より大きければ普通は『行列の対角化』と呼ばれる計算プログラムを使ってパソコンなどで数値的に解く．

得られたエネルギー固有値 E_i から固有ベクトル C_i （分子軌道の係数）が求められる．$N=60$ では行列式を手で計算して固有値を求めることはしない．H と S を与えると固有値 E_i と固有ベクトル C_i を数値的に求めてくれる計算プログラムがあるので，それを用いて解く[9]．$N=60$ ならパソコンで 1 秒もかからずに計算できる．

以下が実際の C_{60} の分子軌道の計算の手順である．この手順をプログラムに作ればよい．

1. 原子に 1 から 60 まで番号をつける（図 6.1）．i ($i=1,\ldots,60$) 番めの原子は近接する 3 つの原子 $j1$, $j2$, $j3$ とつながっている．3 つのうち 2 つ，$j1$, $j2$ は 5 角形の 1 辺であり，$j3$ は 6 角形の 1 辺であるとする．この $j1$, $j2$, $j3$ をそれぞれの i に対して求める．
2. 60×60 の行列 H を定義する．初期値としてすべて 0.0 を代入．次に $H(i,j1)=t5$, $H(i,j2)=t5$, $H(i,j3)=t6$ のように，行列の 3 つ要素に，変数 $t5$ と $t6$ を代入する．この変数として，$t5=-2.36\,\text{eV}$, $t6=-2.40\,\text{eV}$ という数値をあらかじめ代入する．
3. 行列 H を対角化するプログラムをよんで，その結果固有値と固有ベクトルを求める．
4. 変数 $t5$ と $t6$ の数値を変えて，実験結果やその他の計算結果を再現するように調節する．

変数 $t5$ と $t6$ は，ハミルトニアン行列の要素であり，π 結合の場合には，負の値を取る．5 角形の辺の長さの方が，6 角形の辺の長さに比べて大きいので，変数 $t5$ と $t6$ の絶対値を比較すると，$|t5|<|t6|$ である．

このように原子軌道の積分を行わないで，$t5$ と $t6$ のようなパラメーターで与えて電子状態の定性的な性質をみる方法を物理ではタイトバインディング法と呼ぶ．一方，原子軌道を用いてパラメーターを数値的に積分して求める方法をアブイニシオ (ab initio) 法または第一原理計算法と呼ぶ．分子の第一原理計算法として有名なのは，Gaussian というソフトウエアである．これは，分子の大ま

---

[9] 数値計算プログラミングのどの教科書にも『行列の対角化』として説明と例がある．代表的な行列の対角化の方法は，ハウスホルダー・バイセクション法と呼ばれるものである．LAPACK と呼ばれる無償の software の中に，Fortran 言語と C 言語で書かれた対角化のプログラムが存在するので，自分で作る必要がない．

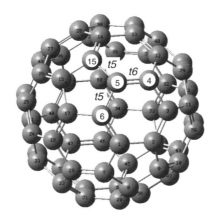

図 6.1 C_{60} の分子軌道の計算の手順．原子に 1 から 60 まで番号をつける．例えば 5 番の原子は，4 番，6 番，15 番の原子とつながっている．このうち 6 番と 15 番の原子とつながっている結合は 5 角形の 1 辺であり，ハミルトニアン行列 H の 5 行 6 列，5 行 15 列に変数 $t5$ を代入する（$H(5,6) = t5$, $H(5,15) = t5$）．また 4 番の原子とつながっている結合は 6 角形の 1 辺であり $t6$ を代入する（$H(5,4) = t6$）．60×60 の行列 H のいずれの列も行も 3 個だけ 0 でない成分がある．この行列を数値的に対角化すれば，エネルギー固有値や固有ベクトルが求まる．

かな構造をいれると，自動的に構造を計算するだけでなく，もっとも安定な構造まで計算（構造最適化）してくれる．非常に便利なソフトウエアであり多くの研究者も利用している[10]．

6.1.2 広がった軌道を用いる方法 ☆☆☆

前節で得られた分子軌道は，60 個の原子に広がった軌道である．1 番エネルギーの低い分子軌道は，60 個の原子ですべて係数をもつ状態である．これを分子軌道の s 状態という[11]．2 番めから 4 番めの分子軌道は同じエネルギーをも

---

[10] Gaussian を著者の授業などで教えると，やり方を含めて 1 時間ぐらいで C_{60} の結果を出すことができる．驚くほど簡単である．簡単な Gaussian の使い方（日本語）を Web ページで検索して得ることができる．一方で，Gaussian のようなソフトウエアの結果を正しく理解するためには，マニュアルを読み，また正しい化学の概念を勉強する必要がある．Gaussian は有償のソフトウエアであるが，大学によっては研究者や学生が自由に使えるようにライセンス契約をしている．東北大の理学部では利用できる．また無償の分子軌道計算も多くあるので試してみると良い．

[11] 水素原子の 1s 軌道と同じように，節（波動関数の値が 0）のない軌道である．

ち，C_{60} を球とすると，球を 2 分割する節平面（係数が 0 のところ）をもつ[12]．これを分子軌道の p 状態と呼び，3 つの直交する節平面によって，p_x, p_y, p_z の 3 つの分子軌道が同じエネルギー[13]をもつ．

s, p 状態というのは分子軌道の角運動量[14]と関係した量である．量子力学では，角運動量は量子化されていて，角運動量量子数 $\ell = 0, 1, 2, 3, 4, 5, 6 \ldots$ で表される．整数の ℓ の値によって，s $(\ell = 0)$, p, d, f, g, h, i $(\ell = 6)$ と表記される．C_{60} のすべての原子は，1 つの球面上にある．球面上の任意の関数は，球面調和関数 $Y_{\ell m}$ と呼ばれる直交関数系で記述できる [67,68][15]．詳細に立ち入らないが，C_{60} のエネルギーの低い分子軌道の係数の形は，1 つの ℓ の値に対する球面調和関数の値に近い．これは，C_{60} が限りなく球に近い対称性を持っているからである（図 6.2）．

角運動量 ℓ の状態は，$2\ell + 1$ 重に同じエネルギー[16]をもつ．$\ell = 0$ の s 状態の分子軌道は 1 重に，$\ell = 1$ の p 状態の分子軌道は 3 重，$\ell = 2$ の d 状態の分子軌道は 5 重に縮重する．$\ell = 3$ の f 状態は，球面では 7 重に縮重に縮重するはず

---

[12] C_{60} を 2 分割するときに，原子を通るように 2 分割することができないので，接平面が少しわかりにくい．

[13] 電子状態（固有状態）に対するエネルギー（固有値）が等しいことを，エネルギーが縮退（しゅくたい）または縮重（しゅくじゅう）するという．縮重は，考えている分子に何らかの対称性があると起こる．例えば，x, y, z 軸が等価であるような対称性があれば，p_x, p_y, p_z の 3 つの分子軌道が縮重する．

[14] 物体の回転に関係した物理量．量子力学では物理量は演算子として表される．角運動量の場合には，角運動量演算子がある．量子力学の教科書を読んでみることを勧める．

[15] いきなり専門用語が飛び交って面食らった方は，読み飛ばして問題ない．この節は他の節とは直接つながっていないので，安心して読み飛ばすことができる．限られた区間（線分，円，球面）上で定義される関数は，区間の形に応じた複数個の関数でお互いに直交する（2 つの関数の積を区間で定積分すると 0 になること）関数の重ね合わせで書くことができる．このような関数の集まりを，直交関数系という．身近な例として，ギターの弦の任意の振幅もギターの弦のいろいろな波の定在波の振幅の重ね合わせで書くことができる．このとき，定在波の集まりが直交関数系である．大学生 2 年生であればフーリエ級数を勉強する．これも直交関数系である．大学 1 年生のとき，線形代数で計量線型空間というのを勉強するのであるが，この概念が関係する．球面で定義される直交関数系を球面調和関数という．球面調和関数は，球面を細胞分裂のように 2 分割，4 分割，8 分割として，それぞれの場合に関数値が正負が交互に現れる形をしている．直交関数系の他の例は，線分上ではチェビシェフ多項式，円周上では三角関数，円の内部ではベッセル関数，球内部なら球ベッセル関数などである．このような知識は，物理数学と呼ばれる大学の授業で習う．

[16] このことをエネルギーが縮重するという．

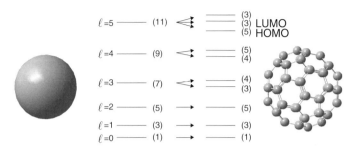

図 6.2 (左) 球面上にいる電子の状態は軌道角運動量 ℓ の値 ($\ell = 0, 1, 2, 3, \ldots$) で電子状態が指定される．かっこの中の数字は，電子状態の縮重度であり，その 2 倍の数の電子を占有することができる．(右) C_{60} の π 電子の分子軌道．$\ell = 0, 1, 2$ までは球面と同じように角運動量で指定できる．$\ell = 3, 4, 5$ は，電子状態が分裂する．下の分子軌道から電子が占有し，$\ell = 5$ で 3 つに分裂した一番エネルギーの低い 5 重の状態までで 60 個の電子が占有する．この 5 重の状態が HOMO である．その上の 3 重の状態が LUMO になる．

であるが，C_{60} のもつ正二十面体対称性 I_h[17] では，3 重と 4 重の 2 つのエネルギー状態に分裂する[18]．$\ell = 4$ の g 状態では，9 重が 4 重+5 重の 2 つのエネルギー状態に分裂する．$\ell = 5$ の h 状態では，11 重が 3 重+3 重+5 重に分裂する．1 つの分子軌道には，電子が 2 個ずつ入り，$\ell = 4$ までに 1+3+5+7+9=25 個の

---

[17] I_h は，対称性を記述する点群と呼ばれる群で用いられる記号．icosahedron と horizontal という 2 つの言葉の頭文字に由来する．群とは対称性を記述する数学である．大学で群論（ぐんろん）という授業がある．第 3 章脚注 16 を参照．

[18] ☆☆☆この結論は前節の数値計算を行っても得られる．しかし縮重の議論は対称性の話であるから，計算しなくても得ることができる．計算しなくても得られる結論は知っている方が有利である．以下著者が理解したことを示すが，読者は読み飛ばしてよい．対称性を扱う数学として，群論がある．球面は回転群と呼ばれる高い対称性の群で記述される．C_{60} 分子は点群 (I_h) と呼ばれる多面体の対称性を持つ．回転群では任意の角度の回転でも球面の形が変わらないが，点群では決まった角度の回転でないと元の C_{60} 分子の構造に重なるように回転することができない．したがって点群は回転群より低い対称性を持つ．このように対称性が低くなる場合，高い対称性で見られたエネルギーの縮重が一部なくなり，エネルギーが分裂する．実際回転群では固有状態であった角運動量 ℓ の $2\ell+1$ 個に縮重した状態が I_h では分裂するのである．群論を勉強したことのある大学院生には，I_h の指標表で角運動量 J の可約指標を規約指標に分解せよ，という演習問題ができる（大学院の授業でよく説明する．）．さらに分裂した状態の固有関数は $Y_{\ell m}$ の線形結合で書かれるが，その係数は正二十面体の既約テンソルの行列を用いて計算できる．ここに出てくる専門用語は『応用群論』（裳華房）で勉強できる．ただし，正二十面体の既約テンソルの表式 ($\sqrt{11}/5 * T_0^6/5 + \sqrt{7}/5 * (T_5^6 - T_{-5}^6)$，$T$ は既約テンソル演算子）を著者は文献で見つけられなかったので，著者が，Maple という解析的な式を扱うプログラムを用いて求めた．この固有関数の答えは，図書 11 の Table 4.2 にある．1991～2 年ごろ MIT で在外研究したとき，Gene Dresselhaus 先生から群論を学んだ．

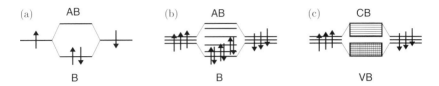

図 6.3 分子軌道とエネルギーバンド．(a) 2 個の原子軌道（例えば $2p_z$ 軌道）があるとき，結合性軌道 (B) と反結合性軌道 (AB) を作り，B に上向きと下向きのスピン（矢印）をもった電子が入ることでエネルギーが得をする（共有結合）．(b) ベンゼンのように 6 個の原子軌道があるとき，結合により 3 つの B と 3 つの AB を作り，B に 6 個の電子が占有する．(c) 固体の場合非常に多くの原子軌道があると，エネルギー状態が連続的に存在しエネルギーバンドを作る．下半分のエネルギーバンドが価電子帯 (valence band, VB) で上半分のエネルギーバンドが伝導帯 (conduction band, CB) である．VB には電子が占有しているが CB には電子が占有しない．通常の固体の場合には，図に示すように VB と CB の間にエネルギーギャップがあるが，グラフェンの場合は VB である π バンドと CB である π^* バンドは接していてエネルギーギャップが無い．

分子軌道があるので，50 個の電子がエネルギーの低い順に電子が占有する[19]．π 電子の数は，炭素原子あたり 1 個で合計 60 個なので，$\ell = 4$ までの分子軌道はすべて占有される．残りの 10 個の電子は，$\ell = 5$ の 5 重の分子軌道（群論の記号 H_u）に入り，HOMO になり，3 重の分子軌道 (t_{1u}) が LUMO になる．C_{60} の分子軌道の特徴の 1 つは HOMO も LUMO（本章脚注 4 参照）もエネルギーが縮重していることである．これは，分子のもともとの対称性が高いからであるが，それが分子のさまざまな性質に反映してくる．これ以上は立ち入らないことにしよう．

6.2　グラフェンのエネルギーバンド★★★

次にグラフェンのエネルギーバンドの計算法を説明する．1 つの分子軌道はエネルギーを持ち，エネルギーは離散的に存在することを説明した．一方，固体中の電子は，分子軌道の状態が連続的にあると考えてよい．ただし，連続的にエネルギーが存在する領域が有限の幅をもって存在する（図 6.3）．これをエネ

---

[19] 電子にはスピンと呼ばれる磁気があり，1 つの分子軌道に上向きと下向きのスピンを持つ 2 つの電子が占有する．

6.2 グラフェンのエネルギーバンド ★★★

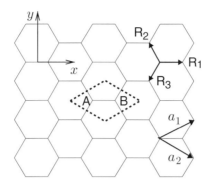

図 6.4 グラフェンの六方格子．図 3.1 と同じである．図中点線で囲まれるひし形が結晶の単位胞になる．単位胞のひし形の中には，炭素原子が 2 つ（A と B）ある．図には座標軸と，基本格子ベクトル $\vec{a}_1, \vec{a}_2$ を示した．また $\vec{R}_1, \vec{R}_2, \vec{R}_3$ は A 原子から 3 つの最近接の B 原子へのベクトルである．

ルギーバンドと呼ぶ[20]．C_{60} の場合と同じように，炭素原子の $2p_z$ 軌道だけを考える．結晶中には原子が 1 モルで 6×10^{23} 個あるので，C_{60} の場合に用いた分子軌道法は使えない．結晶の電子状態であるエネルギーバンドは結晶格子の周期性を用いて求める（図書 4,5）[7]．

グラフェン： グラフェンは，炭素原子でできた六角形の 2 次元の格子（六方格子）を作る（図 6.4）．グラフェンは 1 層の原子層を作るが，層が積み重なるとグラファイト（黒鉛）を作る[21]（図書 1）．

単位胞： 図 6.4 に示した六方格子の単位胞は図中に示されるように，ひし形になる．単位胞のひし形の中には，炭素原子が 2 つ（以下 A と B）ある．ひし形の 2 辺が，基本格子ベクトル $\vec{a}_1, \vec{a}_2$ に対応する（図書 1）[7]．図 6.4 のよ

---

[20] 固体中の電子のエネルギーは，ギターの弦のように電子の波長に依存する．波長の逆数（2π/波長）を波数（はすう）k と呼び，固体中のエネルギー E は，k の関数として $E(k)$ と表される．$E(k)$ をエネルギー分散関係と呼ぶ．エネルギーバンドの図としては，エネルギー分散関係 $E(k)$ のグラフとして表示されることが多い．$E(k)$ の線が存在するエネルギーの範囲をエネルギーバンドと呼ぶ．化学科の学生は固体物理の言葉が出てくるので，ここで少し困る．図書 5 などに固体物理の基礎的なことがあるので勉強されるとよい．また図書 4 には分子軌道やグラファイトのエネルギーバンド計算の章があるので，参考するとよい．

[21] 積み重なり方は，六角形の中心に次の六角形の点がくるような重なり方（AB 積層，図 3.6）である．グラファイトでは六角形の一辺の長さ（1.42 Å）に比べ，層と層の間の間隔（3.35 Å）が非常に大きいので，層間の結合（ファンデルワールス結合という）は層内の結合（共有結合）に比べ非常に小さいので，2 次元的な物質と考えてよい．

うに x, y 軸を定めると，$\vec{a}_1, \vec{a}_2$ は，

$$\vec{a}_1 = (\frac{\sqrt{3}}{2}a, \frac{a}{2}), \quad \vec{a}_2 = (\frac{\sqrt{3}}{2}a, -\frac{a}{2}) \tag{6.9}$$

のように表される．ここで a は，基本格子ベクトルの長さで $|\vec{a}_1| = |\vec{a}_2| = a = 1.42 \times \sqrt{3} = 2.46\,\text{Å}$ である．これに対する逆格子ベクトル[22] $\vec{b}_1, \vec{b}_2$ は，

$$\vec{b}_1 = (\frac{2\sqrt{3}\pi}{3a}, \frac{2\pi}{a}), \quad \vec{b}_2 = (\frac{2\sqrt{3}\pi}{3a}, -\frac{2\pi}{a}) \tag{6.10}$$

で与えられる．$\vec{b}_1$ が $\vec{a}_2$ に直角な方向で内積 $\vec{a}_1 \cdot \vec{b}_1$ の大きさが 2π であることを用いた．対応するブリルアン領域は，$\vec{b}_1, \vec{b}_2$ で作られるひし形であるが，もとの結晶の対称性を考えて，図 6.5(a) のような六角形になる．図 6.4 の格子と向きが 90° 回転した格子になっている．図 6.5(a) に，対称性の高い点の記号 Γ, K, M を示す[23]．Γ, K, M 点に囲まれた 3 角形上の電子状態がわかれば対称性から残りのエネルギーバンドの様子もわかる．

グラフェンでは 1 つの炭素原子から，結合の手が 3 本 120° ずつの間隔で伸びているので，化学結合は sp^2 結合の 3 つの σ 結合と，$2p_z$ 軌道間の π 結合からなっている（図 3.2）．σ 結合は炭素原子の存在する平面状にあり平面に対して面対称であるのに対し，π 結合は平面に垂直に存在し，平面で上下で $2p_z$ の波動関数の符号が逆（反対称）である[24]．この対称性の違いによって σ 結合と π 結合が作るエネルギーバンドは独立に求めることができる．本書では π 結合からなる π バンドだけを考える．

---

[22] 実空間で結晶格子の周期があるように波数の空間でも周期性がある．例えば，関数 $\sin(kx)$ が $\sin(kx) = \sin\{k(x+a)\}$ のような実空間で a の周期性（a ごとに原子）があるとき，ka は 2π の整数倍である．このとき $\sin(kx) = \sin((k+2\pi/a)x)$ のように k を $2\pi/a$ だけずらしても原子の位置（$x = na$，n は整数）では同じ値を与える．このように波数 k の空間における $2\pi/a$ の周期性を逆格子と呼び，その単位となるベクトルを逆格子ベクトル，また 1 つの周期となる k 空間での単位胞をブリルアン領域と呼ぶ．波数とは，波長の逆数に 2π をかけたものであり，固体物理ではしばしば使われる．一方分光学の波数の定義は 1/波長であるので注意が必要である．第 8 章脚注 7 参照．

[23] この点の記号の付け方は，慣習によっている．一般に電子状態を計算した論文には，図 6.5(a) のようなブリルアン領域の図と対称点の記号を記してあるので，それを参考にするとよい．

[24] $2p_z$ の軌道は 2 つのお団子が串刺しになっている形をしている（図 3.2(c) の下側）．波動関数の値は，1 つのお団子が + ならもう 1 つは − になる．したがって上下を逆さまにすることは，波動関数に −1 をかけることに対応する．

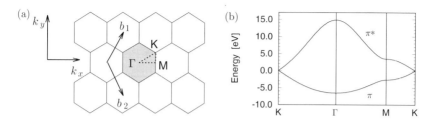

図 6.5 (a) グラフェンの逆格子．影をつけた 6 角形の部分がブリルアン領域である．Γ, K, M 点は対称の高い点につけた名称である．Γ, K, M 点に囲まれた 3 角形の 1 つの電子状態がわかれば残りのエネルギーバンドの様子は対称性からわかるので，この 3 角形の辺上の k の値のエネルギーバンドを計算する．(b) 式 (6.17) で示した π バンド（下半分）と π* バンド（上半分）を図示した．π バンドはすべて電子によって占有される．K 点で π バンドと π* バンドが接してエネルギーギャップの大きさが 0 になり金属になる．

π バンド： π バンドの電子状態は，A 原子と B 原子のそれぞれの $2p_z$ 軌道からなる 2 つのタイトバインディング軌道の線型結合で書かれる[25]．A 原子と B 原子のそれぞれの $2p_z$ 軌道からなるタイトバインディング軌道と呼び，以下のように表される．

$$\Phi_i(\vec{k}, \vec{r}) = \frac{1}{\sqrt{N}} \sum_{\vec{R}}^{N} e^{i\vec{k}\cdot\vec{R}} \varphi_i(\vec{r} - \vec{R}). \tag{6.11}$$

式 (6.11) で，$\vec{R}$ は（単位胞の座標 + 単位胞の中の原子の座標）である．i 番めの原子軌道を作る原子は，各単位胞中に 1 個あり，これを N 個[26]の単位胞で位相因子 $e^{i\vec{k}\cdot\vec{R}}$ だけかけて足したものである．固体の波動関数 $\Psi_j(k, r)$ $(j = 1, \cdots, n)$ は，式 (6.11) のブロッホ軌道 $\Phi_i(k, r)(i = 1, \cdots, n)$ の線形結合

$$\Psi_j(k, r) = \sum_i^n C_{ij} \Phi_i(k, r) \tag{6.12}$$

---

[25] 結晶には，並進対称性（ある長さだけ進むと同じ構造に出会う対称性）がある．並進対称性があるときは電子の波動関数は，(6.1) で示した分子軌道の LCAO のように係数が独立に変化させることはできない．固体の波動関数はブロッホの定理という固体物理学の定理を満たすことが知られている．一般にブロッホの定理を満たす波動関数をブロッホ軌道と呼ぶ．ブロッホ軌道はいろいろな種類があるが，異なる単位胞にある原子軌道の重ね合わせで書かれたブロッホ軌道をタイトバインディング軌道と呼ぶ．タイトバインディング軌道は単位胞にある 1 つの原子の 1 つの原子軌道から作られる．分子軌道の原子軌道に相当するものがタイトバインディング軌道と考えればよい．

[26] N の数としては，3 次元空間で 10^{24} 個ぐらいを想定している．これは x, y, z 方向で $N^{-1/3} = M = 10^8$ 個ぐらいの周期があることに対応する．

で表すことができる．ここで n は単位胞の中のブロッホ軌道の数で，グラフェンの π 軌道の場合には，A, B の 2 種類の原子軌道からなる 2 個のブロッホ軌道があるから，式 (6.12) の n は，$n=2$ である．したがって分子軌道で計算した方法と同じように永年方程式を解くが，ここではハミルトニアン行列や重なり行列が 2×2 の行列であり，手で求めることができる．ただしこの計算は，k の関数として求める必要がある．以下に結果を示そう [7]（図書 1, 2）．

ハミルトニアン行列・重なり積分行列: ハミルトニアン行列 $H_{ij}, (i, j = A, B)$ は，H_{ij} の定義式 (6.4) に式 (6.11) を代入して得られる．$i = j = A$ の場合は，

$$\begin{aligned} H_{AA} &= \frac{1}{N} \sum_{R,R'} e^{ik(R-R')} <\varphi(r-R')|\mathcal{H}|\varphi(r-R)> \\ &= \epsilon_{2p} + (R = R' \pm a \text{ 以上の項}) \end{aligned} \quad (6.13)$$

のように表される．ここで，原子軌道を含む積分で最も大きな値を与える積分は $R = R'$ の積分で，炭素原子の $2p$ 軌道のエネルギー ϵ_{2p} を与える．

次に H_{AB} を考える．異なる原子軌道から作られるブロッホ軌道でハミルトニアンをはさむので，原子軌道の積分で一番大きな寄与をするのは隣どうし（**最近接**という）の A と B の軌道の重なり（$<\varphi_B(R')|\mathcal{H}|\varphi_A(R)> \equiv t$ とおく）である．$\vec{R}$ を固定し，$\vec{R}'$ で和を取るとき，A から B 原子へのベクトル $\vec{R}_1, \vec{R}_2, \vec{R}_3$（図 6.4）の和を取ればよい．$H_{AB}$ の行列要素は，A 原子の最近接の原子が B で 3 つあり，またベクトル $\vec{R}_i$ の大きさが $a/\sqrt{3}$ であることに注意すれば，H_{AB} は，

$$\begin{aligned} H_{AB} &= t(e^{i\vec{k}\cdot\vec{R}_1} + e^{i\vec{k}\cdot\vec{R}_2} + e^{i\vec{k}\cdot\vec{R}_3}) \\ &= tf(k) \end{aligned} \quad (6.14)$$

で与えられる．ここで $f(k)$ は，位相因子 $e^{i\vec{k}\cdot\vec{R}_i}$ の和で複素数の関数である．実際の $\vec{R}_i$ を代入すると，

$$f(k) = e^{ik_xa/\sqrt{3}} + 2e^{-ik_xa/2\sqrt{3}} \cos\left(\frac{k_ya}{2}\right) \quad (6.15)$$

で与えられる．同様に，$H_{BA} = H_{AB}^*$ で与えられる[27]．重なり積分行列 S_{ij} も，

---

[27] これは，直接計算して出すこともできるし，ハミルトニアン行列がエルミート行列（固有値が実数である複素行列であり ${}^t H = H^*$ を満たす）であることを用いてもよい．

式 (6.15) の $f(k)$ を用いて，$S_{AA} = S_{BB} = 1$, $S_{AB} = sf(k) = S_{BA}^*$ で与えられる．したがって，ハミルトニアン行列 H と重なり行列 S は，

$$H = \begin{pmatrix} \epsilon_{2p} & tf(k) \\ tf(k)^* & \epsilon_{2p} \end{pmatrix}, \quad S = \begin{pmatrix} 1 & sf(k) \\ sf(k)^* & 1 \end{pmatrix} \tag{6.16}$$

である．式 (6.16) の H と S を用いて永年方程式 $\det(H - ES) = 0$ を解くと，固有値のエネルギー E が

$$E = \frac{\epsilon_{2p} \pm tw(k)}{1 \pm sw(k)}, \quad \text{（複号同順）} \tag{6.17}$$

と求められる．ここで，± は 結合性 π バンド (+)，反結合性 π* バンド (−) に対応している[28]．また，$w(k)$ はエネルギーバンドの分散[29]を与えるもので，

$$w(k) = |f(k)| = \sqrt{1 + 4\cos\frac{\sqrt{3}k_x a}{2}\cos\frac{k_y a}{2} + 4\cos^2\frac{k_y a}{2}} \tag{6.18}$$

になる．図 6.5(b) は，分散関係 (6.17) をブリルアン領域の対称的な点，$\Gamma = (0, 0)$, $M = (\pi/a, 0)$, $K = (\pi/a, \pi/\sqrt{3}a)$, を通る三角形 $K \to \Gamma \to M \to K$ の線上で，π バンドと π* バンド を表示したものである[30]．単位胞あたり π 電子は 2 個あるので，π バンドはすべて占有される．グラフェンの場合には，K 点で π バンドと π* バンドが接してエネルギーギャップのない金属になる（図 6.5(b)）[31]．固体では，エネルギーレベルは連続的であり，ある幅をもったエネルギーバンドを作る（図 6.3(c)）．さまざまな物理量もこのエネルギーバンドを作る波動関数を用いて説明できる[32]．エネルギーバンドに電子がエネルギーの小さいほうから占有したとき，占有するエネルギーバンドの中で，一番エネルギーの高い

---

[28] t の値が負の値であることに注意．$t = -2.7\,\text{eV}$ ぐらいである．
[29] k の関数として振動数 $\omega(k)$（エネルギー）が与えられるとき，$\omega(k)$ を **分散関係** という．これは，固体の電子状態だけでなく，中性子線のエネルギー分散関係，音波の分散関係といろいろな波動で使われる用語である．この言葉は，波の速度が波長に依存して異なるので波が進行するに従って波の形が変形していく現象（分散）からきている．
[30] $w(k)$ の値は，K 点で 0, M 点で 1, Γ 点で 3 になる．試してみよ．
[31] これは，バンドの途中まで電子が占有した金属の場合とは性質が異なる．エネルギーバンドにおいて電子が占有する最もエネルギーの大きいエネルギーを，**フェルミエネルギー**, E_F というが，ゼロギャップを含め半導体では，フェルミエネルギーには電子が取り得る状態がないのに対し，金属では有限の大きさの状態が存在することが異なる．
[32] この先の話は，固体物理学や，半導体工学で勉強することになる．

エネルギーバンドを価電子帯と呼ぶ．電子が占有しないエネルギーバンドで一番エネルギーの低いバンドを伝導帯と呼ぶ．価電子帯と伝導帯の間にはエネルギーギャップのあるのが通常の半導体であるが，グラフェンの場合にはK点でπとπ^*バンドが接するので，エネルギーギャップが無いのが大きな特徴である[33]．

6.3　単層ナノチューブのエネルギーバンド☆☆☆

単層ナノチューブの電子状態は，(6.17)で求めたグラファイトのエネルギーバンドを円周（C_h）方向に量子化[34]して得られる．C_h, Tの単位胞（図3.4）に対応する逆格子ベクトルK_1, K_2は，条件

$$C_h \cdot K_1 = 2\pi, T \cdot K_1 = 0, C_h \cdot K_2 = 0, T \cdot K_1 = 2\pi \quad (6.19)$$

より与えられる．(n,m)に対するC_h, Tの表式(3.1),(3.4)から

$$K_1 = \frac{1}{N}(-t_2 b_1 + t_1 b_2), \quad K_2 = \frac{1}{N}(m b_1 - n b_2), \quad (6.20)$$

となる．この逆格子ベクトルの大きさは，

$$|K_1| = \frac{2}{d_t}, \quad |K_2| = \frac{2\pi}{T}, \quad (6.21)$$

である．d_tはナノチューブの直径で式(3.3)で与えた．脚注にも示したように，

---

[33] 価電子帯に電子が半分占有するような物質は，電子が価電子帯の中でわずかなエネルギーをもらってエネルギーの高い状態に励起し電流を流すことができる．これが金属である．一方価電子帯に電子がすべて占有するような物質は，エネルギーギャップ以上のエネルギーをもらって，はじめて伝導帯に励起することができる．このような電流があまり流れない物質が半導体である．エネルギーギャップの大きさが大きい（5eV以上）のときは励起ができないので，絶縁体になる．絶縁体も非常に高い電場をかけると，励起が可能になる．これを絶縁破壊という．

[34] 量子化とは，波長や波数が境界条件によって離散的な値を取ることである．例えばギターの弦の定在波の波長λは，弦の長さLとすると$\lambda_n = 2L/n, (n=1,2,3,\ldots)$で与えられる．このときの波数は$k_n = 2\pi/\lambda_n = n\pi/L$は，$\pi/L$ごとに等間隔に離散的に存在する．ナノチューブの場合も，円周を1周すると電子の波動関数が同じ値を取るという条件（周期境界条件）を課すと，電子波の波長（ドブロイ波長）は，直径をd_tと置くとき$\lambda_n = \pi d_t/n, (n=1,2,3,\ldots)$で与えられ，このときの波数は$k_n = 2\pi/\lambda_n = 2n/d_t$のように，$2/d_t$ごとに等間隔に離散的に存在する．$2/d_t$は，$C_h$方向の波数の周期である逆格子ベクトル$K_1$になる．

ナノチューブの円周方向の波数は，$|\boldsymbol{K}_1| = 2/d_t$ ごとに等間隔に離散的に存在する．

図 6.6(a) に $\boldsymbol{C}_h$, $\boldsymbol{T}$ の単位胞に対応する逆格子ベクトル $\boldsymbol{K}_1$, $\boldsymbol{K}_2$ を示す．図 6.6(a) で線分 WW' が，ナノチューブの 1 次元のブリルアン領域である．WW' を $\mu \boldsymbol{K}_1$ ($\mu = 0, \cdots, N-1$) だけ移動した線分上の波数を，式 (6.17) で求めたグラフェンの分散関係 $E(k)$ に代入すると，ナノチューブの 1 次元エネルギー分散関係が $2N$ 個得られる．ここで N は式 (3.6) で与えた[35]．また $2N$ の 2 は，式 (6.17) の 2 つの符号に対応する．

$$E_\mu(k) = E_{2g}(k\frac{\boldsymbol{K}_2}{|\boldsymbol{K}_2|} + \mu \boldsymbol{K}_1),$$
$$(\mu = 0, \cdots, N-1, -\frac{\pi}{T} < k < \frac{\pi}{T}) \tag{6.22}$$

が求まる．ここで T は式 (3.7) で与えた[36]．$\boldsymbol{C}_h$ 方向の周期境界条件から $\boldsymbol{K}_1$ 方向の波数を量子化し，量子化した波数ごとに $\boldsymbol{T}$ 方向の波数 k をもつ 1 次元エネルギーバンドを得る．チューブの単位胞中に N 個の 6 角形があり，1 個の 6 角形に 2 個の原子があるので，N 個の結合性 1 次元 π バンドと N 個の非結合性の 1 次元 π^* バンドができる（図 6.6(b)-(d)）．図 6.6(b)-(d) に (b) (5,0), (c) (9,0), (d) (10,0) ナノチューブのエネルギー分散関係を示した．$E=0$ まで電子が占有する．(5,5), (9,0) ナノチューブは $E=0$ で上の（電子が占有しない）エネルギーバンドと接するので金属になる．(10,0) ナノチューブは $E=0$ でエネルギーギャップがあるので，半導体になる [7, 9, 10]．$\mu \boldsymbol{K}_1$ ($\mu = 0, \cdots, N-1$) だけ移動した WW' を等価な 2 次元グラファイトのブリルアン領域上に描くと，2 次元グラファイトの分散関係を WW' 方向に等間隔（$|\boldsymbol{K}_1| = 2/d_t$）に切る N 個の線になる[37]．このとき，1 つの線が K 点を通る場合にはチューブの電子状態が金属の状態になり，通らない場合には半導体の状態になる．これがナノチューブが (n, m) に依存して金属にも半導体にもなる理由である．

1 次元チューブの金属になる（エネルギー分散が K 点を通る）条件は，$n - m$

---

[35] $N\boldsymbol{K}_1$ は，式 (6.20) より，グラフェンの逆格子ベクトル $\boldsymbol{b}_1$, $\boldsymbol{b}_2$ の整数倍になるから，グラフェンの逆格子ベクトル G になる．したがって $G=0$ のときと同じエネルギー値を与える．

[36] 脚注 35 でも示したが μ を 0 から増やしたとき $N\boldsymbol{K}_1$ が最初の逆格子点になり，$\mu = N$ と $\mu = 0$ は等価である．ここで t_1 と t_2 が互いに素であることを用いた．

[37] $E_\mu(k)$ を求めるには，N 個の線上の k の値を代入すればよい．これが式 (6.22) の意味である．

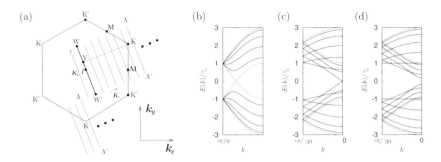

図 6.6 (a) ナノチューブの 1 次元ブリルアン領域（線分 WW'）．$\bm{K}_1$, $\bm{K}_2$ は，$\bm{C}_h$, $\bm{T}$ の単位胞に対応する逆格子ベクトル (6.20)．WW' を $\mu\bm{K}_1(\mu=0,\cdots,N-1)$ だけ移動した線分上の波数をグラフェンのエネルギー分散関係に代入すると 1 次元のチューブのエネルギー分散関係 $E_\mu(k)$, (6.22) を得る．図に示す 2 つの線分 AA' は等価である．$\mu\bm{K}_1$ 移動した線分が K または K' 点を通らない場合には半導体になり，通る場合には金属になる．(b)-(d) はナノチューブのエネルギーバンド．(b) (5,5) アームチェアナノチューブ (c) (9,0) ジグザグナノチューブ (d) (10,0) ジグザグナノチューブ．$E=0$ まで電子が占有する．(5,5), (9,0) ナノチューブは $E=0$ で上の（電子が占有しない）エネルギーバンドと接するので金属になる．(10,0) ナノチューブは $E=0$ でエネルギーギャップがあるので，半導体になる．

表 6.1 1 層のチューブの電子状態の分類

状態	条件	フェルミエネルギーに関係するバンドの性質
金属	$n-m=3$ の倍数	π と π^* バンドが $E=0$ で接する．
半導体	$n-m$ は 3 の倍数でない．	E_{gap} はチューブの直径 d_t に反比例．

が 3 の倍数であることである[38]．また $n-m$ が 3 の倍数で無いときは，半導体チューブになる（表 6.1）．半導体のエネルギーギャップは，チューブの直径 d_t に反比例する（図 6.7(c) に結果だけ示した．）．例えばアームチェアナノチューブは，(n,n) と表されるが（表 3.1），$n-n=0$ なのですべて金属になる．ジグザグナノチューブは，$(9,0)$ で金属になるが，$(10,0)$ で半導体になる．

---

[38] 図 6.6(a) で YK の長さが $|\bm{K}_1|$ の整数倍のとき，平行に引かれた線の 1 つが K 点を通るので金属になる．計算すると，$YK/|\bm{K}_1|=(2n+m)/3=n-(n-m)/3$ になる [7]（試してみよ！）ので，この値が整数になる条件は，$n-m$ が 3 の倍数であることである．

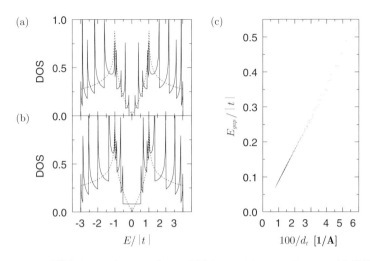

図 6.7 (a) 半導体チューブ (10,0) と (b) 金属チューブ (9,0) のグラファイト単位胞あたりの状態密度（実線）．フェルミエネルギー $E/|t|=0$ である．点線はグラフェンの状態密度．$E/|t|=0$ で (10,0) では状態密度は 0（エネルギーギャップ）であり，(9,0) では状態密度は 0 でない．(c) 半導体チューブのエネルギーギャップをチューブの直径 d_t の逆数の関数として表した．各点は，異なる (n,m) の値を示している．$t=3.033\,\mathrm{eV}$, $s=0$ で計算した（図書 2）．

6.3.1 ナノチューブの状態密度とファンホープ特異性

図 6.7 は (a) 半導体チューブ (10,0) と (b) 金属チューブ (9,0) の状態密度（実線)[39] と比較のために 2 次元グラファイトの状態密度（点線）を示した．フェルミエネルギーは $E/|t|=0$ である．金属ナノチューブの場合にはフェルミエネルギーで有限の状態密度がある[40]．ナノチューブの状態密度は，いたるところに鋭いピークがある．これは $2N$ 個のエネルギー分散関係でエネルギー分散

---

[39] 状態密度とは，エネルギーバンド中の単位エネルギーあたりの状態の数である．状態密度の大きいエネルギーの方が多くの電子が占有される．また第 8 章で説明するが，光によって電子が高いエネルギーの状態に励起するとき，状態密度の大きいエネルギー E_1 から状態密度の大きいエネルギー E_2 への励起は多く起きる．したがって E_2-E_1 のエネルギーの光を強く吸収する．このように状態密度は，『物質の指紋』として多くの性質を説明する便利なグラフである．

[40] 2 次元のグラフェンでは，K 点付近の線型なエネルギー分散を反映して状態密度 $D(E)$ は $D(E)\propto |E-E_F|$ であるが，1 次元バンドでは $D(E)\propto$ 定数 になる．1 次元の金属は一般にパイエルス不安定性があり絶縁体なるが，チューブの場合にはこの効果が無視できる [9]．ただし，ナノチューブが円筒面であることによって，π バンドと σ バンドがわずかに混ざると，金属ナノチューブのフェルミエネルギー付近に小さなギャップ（1〜10 meV）ができることが知られている [11]．

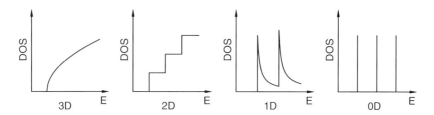

図 6.8 状態密度（DOS）をエネルギー E の関数でプロットしたもの．左から3次元，2次元，1次元，0次元 のエネルギーバンド．エネルギーバンドの一番低いエネルギーを E_i とすると，それぞれ $\sqrt{E-E_i}$，定数，$1/\sqrt{E-E_i}$，$E = E_i$ のみで値（エネルギーレベル）のように振る舞う．これをファンホーブ特異性（VHS）と呼ぶ．

関係が平らになる k の点 ($\partial E(k)/\partial k = 0$) で状態密度が発散する（ファンホーブ特異性, Van Hove Singularity (VHS)）と呼ぶ（図 6.8，図書 5）．

ナノチューブのように1次元物質の場合には，状態密度が $1/\sqrt{E-E_i}$ のようにエネルギーに関して非対称に発散する[41]．ファン—ホーブ特異点間を光吸収や放出が起こると，その強度は状態密度の発散の関係で非常に強くなる．これは共鳴ラマン分光で1本のナノチューブの共鳴ラマン散乱光を観測できる[69]ことと関係している（8.4節参照）．

---

[41] この関係は，分散関係 $E(k)$ を極小，または極大の回りで展開して $E(k) = E_i + ak^2$ とかけるとき状態密度が，$1/\sqrt{E-E_i}$ または $1/\sqrt{E_i-E}$ のように発散する．発散する数は $2N$ より少ない．N 個の線上で定義したエネルギーバンドの多くは単調増加（または減少）だからである．この発散は，2次元のファンホーブ特異性である対数発散 $\log(E-E_i)$ や3次元での特異性である微分が発散する $\sqrt{E-E_i}$ より強く，0次元の分子のエネルギーレベルのように鋭い．

6.3 単層ナノチューブのエネルギーバンド☆☆ 87

———— ティータイム 8 ————

ナノカーボンの世界は，物理，化学，工学，生命科学にわたって幅広く研究者がいるので，お互いが研究の専門としている分野が異なる．このような研究を境界領域の研究と呼ぶ．境界領域の研究では相互のコミュニケーションをとるのが困難である．例えば第 6 章のエネルギーバンドは，物理の学生なら大学の 3 年生ぐらいで勉強する．化学の学生は大学の 3 年生ぐらいで分子軌道の勉強をする．しかし両方知っている学生は多くない．物理では波数（はすう）と言えば運動量に関係した量であるが，化学では分光学の概念である．しかも脚注 22 で示したように定義が $2\pi/\lambda$ と $1/\lambda$ とで異なる．また工学の学生は，エネルギーバンドの重要性は理解しているが，自分で計算することは無い．逆に物理の学生は，原理や計算方法はよくわかっているが，エネルギーバンドが半導体デバイスとしてどう使われているかを授業ではあまり教えない．材料科学や生命科学では，材料の良し悪しの基準がエネルギーバンドで議論されることは稀である．

このように相互のコミュニケーションをとるのが困難な境界領域の研究を行うには，すべての分野の特質を把握する必要があるのは言うまでもない．多くの分野を把握するためにお勧めなのは，いろいろな種類の研究室を渡り歩く経験をすることである．著者も物理学科を卒業して，電子工学科の教員として 13 年過ごし，別の大学の物理学科に戻ってきた．思い切って別の分野に踏み込むチャレンジは大変重要なことである．しかしなかなか容易なことではない．本書は，すべての分野の人に物理の最前線に踏み込んでもらうという野望を持っている．少なくても擬似的な経験ができるとよいと思う．知らない専門用語は，機会があったら物理の人に聞くのがよいと思う．これがコミュニケーションのきっかけになる．

第7章 ディラックコーンの性質 ☆☆

　前の章で求めたグラフェンの電子状態は，π バンドと π* バンドが，6角形のブリルアン領域の角の K 点で接する．接する K 点付近のエネルギー分散関係を立体的に表示すると，2つの円錐形の頂点が接したような砂時計のような形になる．これをディラックコーンと呼ぶ．グラフェンやナノチューブのもつ特異な性質はすべてこのディラックコーンの形によるものであることを説明しよう．

7.1　ディラックコーン上の電子の質量は 0 ☆☆

　グラフェンの電子状態は，π バンドと π* バンドが，6角形のブリルアン領域（図 6.5）の角の K 点で接する[1]．接する点をディラック点と呼ぶ．ディラック点付近のエネルギー分散関係 $E(\bm{k})$ は，k に比例する関数[2]であり，ディラック点を頂点として上下2つの円錐形が接する形をしている [23, 70]（図 7.1）[3]．この形をディラックコーンと呼ぶ．
　一般の物質のエネルギー分散関係 $E(\bm{k})$ は，k の2乗の関数であり $\hbar^2 k^2/2m$

---

[1] 図 6.5 では，6角形の6つの角で接している．グラフェンのブリルアン領域は，等価でない2つの角の点として K 点と K′ がある（図 7.6(c)）．6角形を1周すると，K 点と K′ 点が交互に現れる．図 7.6(c) で示した，3つの K 点は，$\bm{k}$ 空間での並進対称性により，逆格子ベクトルでつながっているので等価である．したがって，グラフェンには等価でない2つのディラックコーンがある（7.7節）．

[2] k に比例するエネルギー分散関係を線型分散とも呼ぶ．このとき k の値は K 点の位置から測っている．この関数が，質量 0 の粒子に対するディラック方程式（相対論的量子力学のエネルギーを求める方程式）の解になっているのでディラック点とかディラックコーンという名前で呼ばれている．ちなみに質量 0 の粒子に対するディラック方程式は，特にワイル方程式という名前がついている．ディラック，ワイルは物理学者の名前で検索可能である．

[3] 式 (6.17) を K$(0, -4\pi/3a)$ のまわりでテイラー展開すると円錐形の式が出る．

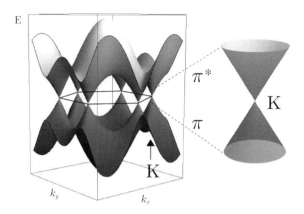

図 7.1 グラフェンの π バンドと π* バンドを立体的に表示．6 角形のブリルアン領域の角の K 点で 2 つのバンドで接する．接する部分を拡大すると右図のように 2 つの円錐が接しているような形をしている．これをディラックコーンと呼ぶ．また上下 2 つの円錐が接する点をディラック点と呼ぶ．外から電荷をもらってないグラフェンは，ディラック点のエネルギーまで電子が占有し，ディラック点のエネルギーがフェルミエネルギー（電子の占有する最大のエネルギー）になる（東北大学越野幹人先生のご厚意による）．

の形をしているので，m が電子の質量として理解できる[4]．$E(\bm{k})$ が k に比例する場合には電子の質量は 0 であるということができる．これは，相対論におけるエネルギーの式，

$$E = \sqrt{m^2c^4 + p^2c^2} \tag{7.1}$$

（c は光速，p は運動量）で，質量 m を 0 と置くと，$E = pc = \hbar k c$ となり k に比例する場合に対応するからである．量子力学ではエネルギーは $E = \hbar\omega$（$\omega = 2\pi f$ は角振動数．f は振動数）また，$k = 2\pi/\lambda$（λ は波長）で表されるので，$E = pc = \hbar k c$ は，$f = c/\lambda$ と表され，波の振動数，速度，波長の関係式になる．つまり質量が 0 の物質は波として伝搬する．

グラフェンの電子の速度は図 7.1 の円錐形の傾きを $\hbar$ で割ったもので与えられる．光の速度 $c = 3 \times 10^8$ m/s より遅いが，10^6 m/s（秒速 1000 km，光速の

---

[4] 量子力学では，$\hbar\bm{k}$ は運動量 p であるので，$E(\bm{k}) = \hbar^2k^2/2m = p^2/2m$ であるから運動エネルギーになる．逆に $\hbar^2/(dE(\bm{k})/dk^2)$ を計算して得られる質量を電子の有効質量と呼ぶ．有効質量の式に線型分散の式 $E(\bm{k}) = Ck$（C は定数）を代入すれば有効質量は無限大になってしまうが，式 (7.1) を用いると質量が正反対の 0 であると説明できる．

1/300) と質量のある電子の場合の速度に比べかなり速い[5]．ディラックコーンの形の電子は，音波のように (1) 質量がなく，(2) エネルギーによらず速度が一定という関係がある．これは通常の質量を持っている粒子と比べて大きく性質が異なり，このことが不思議な挙動を示す．例えば，電子が何かにぶつかってエネルギーを失っても速度の大きさは変わらない（向きは変わる）．また電子が電場から仕事をされて，エネルギーを得ても速度は増えないし，逆に電場に仕事をしてエネルギーを失っても速度は減らない．ディラックコーン上の電子は，止まることができない電子なのである．

この非常に高速で走る電子をコントロールできれば高速で動作する電子デバイスができる．実際に 100 GHz という高い周波数の信号にも十分に追従して電子デバイスが動作することが報告されている [71]．また $1\,\mu m = 10^{-6}\,m$ の大きさのデバイスの端から端まで電子が速度 $10^6\,m/s$ で移動するのにかかる時間は，$1\,ps = 10^{-12}\,s$ である．その逆数の $1\,THz = 10^{12}\,Hz$ の信号も原理的に処理できる．したがってグラフェンを用いた高速電子デバイスを作ることを，世界中の研究者が狙っている．

7.2　ディラック点のエネルギーギャップは 0 ☆☆

一般に結晶（固体）の性質を決める大きな役割をしているのが，フェルミエネルギー（電子の占有する最大のエネルギー）付近の電子である．フェルミエネルギーより上のエネルギーバンドは，占有していない状態であるので，フェルミエネルギー付近の電子はエネルギーをもらって空いている高いエネルギーバンドに励起することができる[6]．フェルミエネルギー付近の電子は外界（圧力，熱，光，電場，磁場）とのエネルギーのやりとりができる電子であり，このやりとり（相互作用）が固体の性質と密接に関わってくる．結晶の性質を勉

---

[5] 一般に空気中を音波は波として伝わるがその角振動数 ω は k に比例し，比例係数が音速 (v_s) になる．このとき，空気が音速で動いているというわけでなく波が音速で伝わるのである．つまり波の伝搬には質量の移動は伴わない．電子も波として進行するので速度の意味合いが少し違う．

[6] 逆にフェルミエネルギー E_F よりはるかに低いエネルギー E_1 を持つ電子は，空いている電子の状態に励起するには少なくとも $E_F - E_1$ 以上のエネルギーが必要である．$E_F - E_1$ 以下のエネルギーが光や熱としてやってきても，この電子は動くことができない．1000 円のおもちゃが欲しいときに，900 円もらってもどうにもならないのと同じである．

強するのが固体物理学（または物性（ぶっせい）物理学）である（図書 5）．

グラフェンのようにディラック点のエネルギーがちょうどフェルミエネルギーになることは他の物質では見られないことである[7]．したがってディラックコーンの形がグラフェンの固体の性質（物性）に際立った性質を与える．これがグラフェンが多くの研究者によって研究されている理由となっている．

また上下 2 つのディラックコーンが接するということは，フェルミエネルギーの位置でエネルギーギャップがないことに相当する．したがってグラフェンは電気を流す金属の分類に入る[8]．一方，エネルギーバンドが k 空間において 1 点だけで接しているので，フェルミエネルギーでの状態密度 $D(E_F)$（6.3.1 項）が 0 になる[9]．励起は簡単に起きるが，砂時計のように通路が狭い構造をしている．

エネルギーギャップが 0 であると，電子はディラック点を越えて励起や緩和が自由にできる[10]．一般にエネルギーギャップを持つ普通の半導体に光を当てると，価電子帯の電子が伝導帯に励起し，その後，エネルギーギャップのある伝導帯の底まで緩和する（図 7.2(a)）[11]．この先に緩和する状態がないので，電子はエネルギーギャップを飛び越えて光を出しながら価電子帯に戻る[12]．これが発光という現象である[13]．一方，図 7.2(b) のようにグラフェンの場合，エネルギーギャップが 0 であるので，発光は起きずに緩和だけで価電子帯に戻ることができる．またどんなエネルギーの光も吸収する[14]．これがグラフェンやそ

---

[7] 最近はディラックコーンの形のエネルギー分散関係をもつ物質の報告は多く出てきた．ディラック電子系という言葉で検索可能である．
[8] どんな小さな電場をかけても電子が励起して電流を流すことができる．
[9] 状態密度から考えれば，グラフェンはエネルギーギャップが 0 である半導体とも言うことができる．しかし理論計算によると，ディラック点の直上での電気伝導度が有限の値として残ることが報告されているので，金属と呼ぶのが正しい．
[10] 川幅が 0 である地点があれば，簡単に向こう岸にいくことができることを想像していただければよい．一方でこの地点の横幅（状態密度）が 0 であるので，一度に多くの人が向こう岸にいくことができない．
[11] 緩和では電子が，フォノンを励起する（格子振動が起きる）ことでエネルギーを失いながら落ちる．
[12] 価電子帯で電子が抜けたところはホール（コーラの中の泡のようなもの）ができる．ホールも電子と同じように価電子帯の最上部まで『緩和』してくる．電子がエネルギーギャップを飛び越えて光を出すには，価電子帯の最上部にホールがある必要がある．これを電子とホールの再結合という．図 7.2 では簡単のためホールを図示していない．
[13] 発光ダイオードの原理である．発光ダイオードの場合は，電気的に電子を励起する．
[14] エネルギーギャップがある場合には，エネルギーギャップより小さいエネルギーを持った光（フォトン）は電子を励起することができず，そのまま透過する．ガラスはエネルギーギャップが可視光のエネルギーより大きいので透明である．

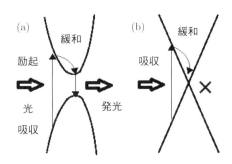

図 7.2 (a) エネルギーギャップがある半導体．光がくると価電子帯（下）にいる電子が伝導帯（上）に励起する．励起した電子は伝導帯の底まで緩和して，最後に光を出してエネルギーギャップを越えて価電子帯に戻る．これが発光である．(b) エネルギーギャップがないグラフェンは，光の吸収が電子の励起によって起きるが，緩和するだけで価電子帯に戻ることができるので発光が起きない．

の他の炭素物質が黒い色をしている理由である．

　緩和の過程で放出したエネルギー（フォノン）によって，物質の温度[15]が上昇する．温度が高いとはフォノンがたくさん存在する状況である．逆に温度が高いとき，緩和してきた電子がフォノンのエネルギーを吸収して逆にエネルギーバンドを遡る過程も起きる．光によって励起された電子は，ディラック点という1点の出口に向けて殺到するので，緩和の渋滞が起こり，比較的高いエネルギーで電子が長い時間 (1 ns) 渋滞待ちを起こすと，図7.2(a) のように光を出すことが起きる．このとき発生する光のエネルギーは主に波長の長い赤外線（遠赤外線）である [70]．備長炭などの赤外線がこの仕組みで発生する（図書 31）[16]．

7.3　ディラック電子は反磁性☆☆

　物質に磁石を近づけたときに，弱い引力が発生することを常磁性，弱い斥力

---

[15] 物質の温度は格子振動の平均のエネルギーと関係がある．統計力学という物理の学問が温度の概念を正確に与えてくれる．
[16] 一般に温度が高い方が波長の短い光が発生する．炭が熾（お）きると赤くなるのはこのせいである．　波長スペクトル分布はプランクの式で説明できる．備長炭が焼き魚などに適しているのは，発生する遠赤外線が外側を焦がさず魚の中（おもに水）を温めるのに適しているからである．また炭素物質をヒーターとする暖房器は，赤くなくても赤外線を出し体の中を温める作用があり，室温をあげなくても暖かいと感じる仕組みになっている．

が発生することを反磁性という．鉄やニッケルは磁石につくが，これは鉄などが強磁性という性質を持っているからである．磁性の仕組みは固体中の電子のスピンや軌道運動（電流）で説明できる[17]．

例えば，自由電子による磁化率は，主に電子のスピンによる磁性（パウリ常磁性）であり，磁石を金属に近づけると弱い引力的な力が働く（図書5)[18]が，グラフェンの場合にはパウリ常磁性の効果はない．グラフェンの磁性は電子の軌道運動による磁性（ランダウ反磁性）によるもので，磁石に対して逆の斥力が働く [72]．[19] しかもその斥力は観測できるほど大きい．図 7.3(b) は，結晶性の高いシャープペンの芯（グラフェン層を含む）を強い磁石上で浮上させた写真である．このように大きな反磁性が室温でも観測できるのは他に例が無い．なぜグラフェンの軌道反磁性が他の金属に比べて大きいかというと，以下に示すようにディラックコーンの形をもっているからある．

グラフェン面に垂直に磁場をかけると，電子は磁場に垂直に回転する運動をする（図 7.3(a)）．この電流が磁場を遮るように流れ斥力を与えるのである[20]．この斥力の起源を与えるのがディラックコーンの電子状態が磁場中で起こすランダウ量子化という現象である（図 7.3(c)）．ランダウ量子化により磁場を増加すると，電子全体のエネルギーが増大するため，増大しない方向に力が働くのが反磁性の効果となって現れる [73][21]．この反磁性からくる力の大きさも室温

[17) 固体物理の教科書（図書5）では，一般の金属中の自由電子による物理量（磁化率，電気伝導率，比熱，熱伝導率など）の値がフェルミエネルギーでの状態密度 $D(E_F)$ に比例すると書いてある．しかし，グラフェンの場合には $D(E_F) = 0$ であるので，教科書の説明をそのまま使うことができない．

18) 磁石を近づけると，上向きのスピンと下向きのスピンの数に差が生じて，物質に弱い磁性が働き引力を作る．このスピンの数の差はフェルミエネルギーでの状態密度 $D(E_F)$ に比例するので，$D(E_F) = 0$ であるグラフェンの場合にはパウリ常磁性の効果はほとんどない．一般の金属には共通してパウリ常磁性がある．強磁性でない銅でできている 10 円硬貨でも，大学の実験室などで使う強い電磁石には引力でくっつく．

19) 一般の金属にもランダウ反磁性があるが，その力はパウリ常磁性の 1/3 倍で符号が反対なので，反磁性は観測されない．グラフェンの場合にはパウリ常磁性の寄与は 0 であり，またランダウ反磁性の項は通常の金属より桁違いに大きい．

20) この電流は，時間とともに変化する磁場によって発生する電場による電流（レンツの法則）ではない．時間とともに変化しない磁場に対しても量子力学で記述される電流（反磁性電流）が流れる．この電流はジュール熱を発生しないし，磁場がある限り減衰することはない．

21) ☆☆反磁性の効果がなぜグラフェンで大きいかというと，ディラックコーンの形による．一般に電子の波動性のため，この円運動は原子の電子状態のように量子化される．これをランダウの量子化と呼び，得られた離散的な状態がランダウ準位と呼ぶ（図 7.3(c)）．ランダウ準位は，エネルギーバンドを磁場に比例した状態数のエネルギーバ

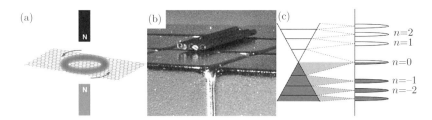

図 7.3 (a) グラフェンに磁石の N 極を上から近づけると，グラフェン上に（定常的で量子力学的な）電流が流れる．これは磁石の反対側に別の N 極があるのと同じ効果（反磁性）を生み出す．(b) 強い磁石上ではシャープペンの芯が浮上する．(c) ディラックコーンのエネルギーバンド（左）は磁場中ではランダウ準位と呼ばれるエネルギーレベルに束ねられる（量子化）．この際ディラック点上にできる $n=0$ のランダウ準位に集まってくる電子は，下半分の π バンドから束ねられるので，電子全体のエネルギーが増える．磁場をかけることによって電子全体のエネルギーが上がるので，力は磁場が増えない方向（反磁性）に働く（東北大学越野幹人先生のご厚意による）．

でも観測できるぐらい大きいものである．したがって 1 層のグラフェンを，他の物質の中に十分離して（1 nm），10^6 枚ぐらい挿入した物質を作れば，超伝導物質でなくても完全反磁性（外からの磁場を完全に除く効果）の性質を出すであろうことが予想されている [74]．[22]．

ンドの状態が束ねた結果，非常に大きな縮重度をもった準位になったものである（大きな縮重度は広がった軌道が，いたるところで同じ半径の円運動を作ることで起きる．磁場が大きくなると半径が小さくなるので，縮重度が増える）．グラフェンの場合にはディラック点付近での状態密度が小さいので，1 つのランダウ準位を作るには比較的広い範囲のエネルギーバンドの状態を集める必要がある．したがってランダウ準位の間隔がディラック点付近で大きい．各ランダウ準位が同じ縮重度をもつので，グラフェンの n 番めのランダウ準位は，$\pm\sqrt{n}$ に比例したエネルギーをもち等間隔ではない．またエネルギーの上下が対称的であることとに関係して，ディラック点上に $n=0$ のランダウ準位ができる．$n=0$ のランダウ準位に集まってくる電子は π バンドの電子であり，ディラック点のエネルギーまでエネルギーが増大する（$n=-1$ や，$n=-2$ のランダウレベルに集まる電子はエネルギーが増大するものと減少するものがあり，電子全体としてエネルギーの増減はほとんどない）．グラフェンの全体のエネルギーが大きくなる．磁場を増やすと全体のエネルギーが大きくなるので，力はエネルギーが小さくなる磁石に反発する方向（反磁性）に発生する．もしこのことを数式で理解したい場合には，図書 2 の第 6 章を参照．

[22] こういう物質を作ることは非常に興味がある．

7.4 クライン・トンネル効果☆☆

ディラックコーンの形をしたエネルギーバンドは，電気伝導において，クライン・トンネル効果という特殊な現象が起きる（図7.4）．図5.2で説明した電界効果トランジスター(FET)をディラックコーンで作ると，図7.4(a)のようなエネルギーバンド構造になる．左から，ソース，ゲート，ドレインである．ゲートの位置を上げる（ゲート電圧をかける）と本来ならポテンシャルの障壁ができて電流が流れないはず（図7.4(b)）であるが，グラフェンの場合，電流がディラックコーンの下側の π バンドを通じてホールが電気を流してしまうので，電気の流れやすさに変化はない [75]．これがクライン・トンネル効果である[23]．

このことは，グラフェンに負や正の電荷を与えてn型やp型の構造を作っても半導体素子は作れないことを意味している．また，電界効果トランジスター(FET)でゲート電圧をかけても，ポテンシャル障壁ができない．グラフェンは非常に移動度が高い物質であるが，π バンドと π^* バンドの間にエネルギーギャップを作らないかぎり FET ができないという大問題を持っている[24]．

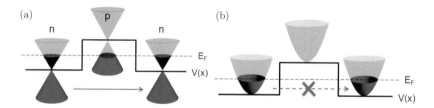

図 7.4 (a) クライン・トンネル効果．グラフェンで FET 構造を作って真ん中の部分のディラックコーンで障壁を高くするべくゲート電圧をかけても，電流が π バンドを通じてホールが電気を流してしまうので，電気の流れやすさに変化はない．(b) 通常のエネルギーバンドの場合，ゲート電圧をかけると途中のポテンシャル障壁が高くなり，電子は（通常のトンネル効果による微弱な電流以外は）左から右へ（またはその逆）流れることができない．

---

[23] クラインはこの効果を，素粒子物理学における現象として説明したが，グラフェンにおいて起きた．このように物理学では大きさの違う対象でも似たような現象が起きることがしばしばある．したがって別の分野の現象が頭にあると，自分の研究の分野でいかせる場合が少なくない．

[24] ☆☆量子力学（図書 4）で図 7.4(b) のような四角いポテンシャルで，トンネル確率を計算したことがある人は，図 7.4(a) の計算もできる．7.6 節で与えるグラフェンの π 電子の波動関数を用いて，図 7.4(a) の 3 つの領域を，π^*, π, π^*, のように設定し，境

7.5　後方散乱の消失☆☆☆

　一般に電気伝導度は，電気を流す電子やホール（キャリアー）[25]の数（キャリアー濃度）と一つのキャリアーが電流を流すことができる能力である移動度[26]という値の積で書くことができる．グラフェンはフェルミエネルギーでの状態密度 $D(E_F)$ が 0 などでキャリアー密度は小さいが，移動度の値は非常に大きい．したがって両者の積は金属程度の値になる．グラフェンの電気伝導では少ない数のキャリアーが，せっせと電流を運んでいる状況である．

　グラフェンの移動度が大きい理由として 2 つ考えられる．1 つは電子（ホール）の有効質量が 0 であるということである[27]．質量のある電子でも電場によって加速し続けられるわけではなく，物質中では不純物や原子にぶつかって散乱して加速方向の運動量やエネルギーを失う．電場によって加速された電子は，ある平均的な時間（緩和時間）でエネルギーを失い平均の速度をもつ．これが物質の電気伝導度を決める．アモルファス（非晶質）の物質など散乱する要因が非常に多い物質の場合には，電子の波は後方に散乱した波どうしが干渉して強めあい，電流の流れる前方方向に電子が動けなくなってしまい絶縁体になってしまうこともある（図 7.5）[28]．特に電流が流れる方向と反対の方向の散乱（後方散乱）が干渉効果で強めあう（図 7.5(c)）と電気伝導が著しく小さ

　　界で A と B 原子の波動関数の値を接続すればよい．ディラックコーンを記述する方程式（ディラック方程式）が，1 階の微分方程式なので波動関数の微分は連続でない．結果は論文 [75] の図 2 で与えられる．
25) 電気を運ぶ電子やホールをキャリアー（運び人）という．
26) 電子やホールが電界を受ければ加速されるが，途中で結晶にぶつかったりして散乱してエネルギーを失う．移動度は，散乱されるまでの時間が大きいほど大きな値になる．また考えている試料の大きさが，散乱されるまでの距離に比べて小さいときには実質的に散乱が起きないので大きな移動度になる．
27) 有効質量が厳密に 0 であるエネルギーはディラック点だけであり，実際のグラフェンはエネルギーバンドが線形から少しずれているので有効質量が少しある．電場 E から電子の電荷 $-e$ に働く力 $-eE$ に対して加速度は $-eE/m$ であるから，有効質量 m が小さいほど加速度が大きく電子の平均の速度が大きくなる．
28) 電子の波動関数が散乱と波の干渉によって，空間的に広がらなくなる現象を『局在』という．また局在の効果によって電気伝導が起こらなくなることをアンダーソン局在という．局在には，この他に高速道路上での車の渋滞のように，電子間の反発による渋滞で電気伝導が起こらなくなることがある．電子間反発による局在をモット局在という．アンダーソンとモットは，バンブレックとともに 1977 年にノーベル物理学賞を受賞した．

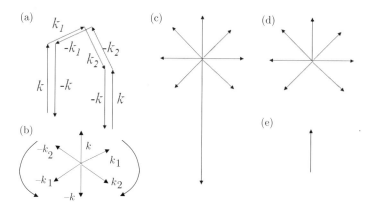

図 7.5 (a) 同じ散乱振幅と位相を与える 2 つの後方散乱の過程．お互いに時間反転の関係になっている．(b) (a) の矢印を 1 つの原点から表すと，2 つの後方散乱は右まわりに 180° と左回りに 180° 向きを変える散乱になる．(c) 2 つの後方散乱が干渉によって強めあうと後方散乱だけ 4 倍大きい効果（後方散乱効果）が起きる．時間反転対が存在するのは後方散乱方向だけであるからである．(d) グラフェンの場合 2 つの後方散乱が干渉によって打ち消し合うので，後方散乱の消失が起きる．(e) ナノチューブの場合，前方と後方の散乱しかなく，後方散乱の消失が起きると，散乱自体が起きなくなる．

なる [20][29]．

グラフェンの移動度が大きい理由のもう 1 つの理由として，この干渉効果が通常と逆に打ち消すように働くからである [20][30]．これを後方散乱消失の効果

---

[29] 後方散乱効果という（図 7.5）．空に浮かぶ雲のような形のない物質でもレーダーによる電波の反射で位置や方向が測定できる．これはレーダーから発せられた電磁波がすべての方向に均質に散乱されるのでなく，発せられた元の方向（後方散乱方向）だけ散乱波が干渉効果によって強度で 4 倍強くなるという後方散乱効果が利用されている．なぜ後方散乱だけ強くなるかというと，散乱の振幅と位相が同じ 2 つの散乱過程の組（時間反転した 2 つの過程の組）$(\bm{k} \to \bm{k}_1 \to \bm{k}_2 \cdots \bm{k}_n \to -\bm{k})$ と $(\bm{k} \to \bm{k}_n \to \bm{k}_{n-1} \cdots \bm{k}_1 \to -\bm{k})$ が存在する（図 7.5(a)）ので，この 2 つの電子の散乱波が干渉で足されて，振幅で 2 倍，強度で 4 倍になる（図 7.5(c)）ことによる．逆に干渉で引かれると，強度は 0 になる（図 7.5(d)）．

[30] ☆☆☆干渉によって弱め合うように働く理由は 7.6 節で考える．この効果を起こすための条件は (1) 散乱を引き起こすポテンシャルの及ぶ範囲が格子の間隔より長いこと．したがって，谷間散乱が起きずに谷内散乱が起きることが必要である．(2) 谷内散乱がディラック点のまわりを半周する $\bm{k}$ から $-\bm{k}$ の後方散乱である（図 7.5(b)）ことと特殊である．後方散乱だけこの条件を満たす 2 つの対（時間反転対称対）があり，この対となった 2 つの散乱波の干渉によって打ち消し散乱があたかも起きないようなことが起きる．もし散乱ポテンシャルが実空間で局所的だと，電子は $\bm{k}$ 空間で，2 つのディラックコーンの間を飛び越える谷間散乱が起き，この場合には干渉効果は無い．

と呼ぶ．干渉によって波を打ち消すわかりやすい例として，騒音（ノイズ）を取るイヤフォン（ノイズキャンセリングフォン）がある．これは騒音をマイクでとって，騒音と位相が π だけずれた振幅の音をイヤフォンに同時に発生することでノイズを打ち消す仕組みである．グラフェンでは，不純物で散乱された 2 つの波（図 7.5(a)）が打ち消すように位相が π だけずれている（ベリー位相）という特殊な事情がある．したがって，まるで散乱がないように見えるのである[31]．金属ナノチューブでもこの後方散乱が消失する効果が期待でき，ナノチューブでは電子が前と後ろと 2 方向しか散乱できないので，後方散乱がないことは散乱自体がないという，非常に大きな効果になることが予想されている（図 7.5(e)）[20]．このようにグラフェンやナノチューブでは本来散乱に寄与する不純物があっても，干渉効果によって散乱を起こさないという著しい性質を持っている．これが，電子の移動度を大きくする理由になっている．

7.6 ディラックコーン付近の波動関数（擬スピン）☆☆☆

7.5 節でベリー位相が K 点のまわりで存在した理由は，ディラックコーン付近の波動関数の特殊性である．難しい話であるが，少しだけ説明しよう．第 6 章では，タイトバインディング法でグラフェンのエネルギー分散関係を求めた．波動関数は，A, B 2 つのブロッホ軌道の線形結合で書かれ，π バンドの波動関数は (C_A, C_B) の 2 成分で書かれる．実際に，π バンド (v) と π^* バンド (c) の (C_A, C_B) は以下のように与えられる [76][32]．

---

[31] 通常の局在の後方散乱効果ではお互いに時間反転対称の 2 つの散乱の波の位相が同じなので干渉で強め合うのだが，グラフェンの場合にはこの 2 つの散乱が干渉で打ち消しあう．これは，電子の波動関数にベリー位相という，幾何学的形状による位相分 (π) が後方散乱のときだけ加わるという事情による．ディラックコーンのような 1 点でエネルギーが接する臍点（せいてん，へそ）の電子状態の場合に，臍点のまわりで固有関数を 1 周すると固有関数（複素数）に 2π 以外の位相がつき，別の値を持つ．このような幾何学的な形状から発生する位相をベリー位相と呼ぶ．これは量子力学に限らず，太鼓の振動，光ファイバー中の電場など古典力学電磁気学でも観測される．ベリー位相の他には $\exp(-i\omega t)$ のように運動に関係する位相がある．

[32] これは，固有値 (6.17) を方程式 (6.7) に代入すると，連立方程式の 2 つの式は同じ式になるので，固有ベクトルの比 (C_A, C_B) だけが得られる．(C_A, C_B) の前の係数は，波動関数 (6.12) が規格化 $|\Psi_j(\boldsymbol{k}, r)|^2 = 1$ されているという条件から得られる．少し時間がかかるが，(7.2) を導出してみるとよい．

7.6 ディラックコーン付近の波動関数（擬スピン）☆☆☆

$$c_A^v(\boldsymbol{k}) = \sqrt{\frac{1}{2\{1+s\omega(\boldsymbol{k})\}}}\sqrt{\frac{f(\boldsymbol{k})}{\omega(\boldsymbol{k})}}, \quad c_A^c(\boldsymbol{k}) = \sqrt{\frac{1}{2\{1-s\omega(\boldsymbol{k})\}}}\sqrt{\frac{f(\boldsymbol{k})}{\omega(\boldsymbol{k})}},$$

$$c_B^v(\boldsymbol{k}) = \sqrt{\frac{1}{2\{1+s\omega(\boldsymbol{k})\}}}\sqrt{\frac{f^*(\boldsymbol{k})}{\omega(\boldsymbol{k})}}, \quad c_B^c(\boldsymbol{k}) = -\sqrt{\frac{1}{2\{1-s\omega(\boldsymbol{k})\}}}\sqrt{\frac{f^*(\boldsymbol{k})}{\omega(\boldsymbol{k})}}. \tag{7.2}$$

ここで $f(\boldsymbol{k})$, $w(\boldsymbol{k})$ は式 (6.15), (6.18) で与えた．各成分は複素数 $f(\boldsymbol{k})$ で記述されるが，この $f(\boldsymbol{k})$ の位相[33]は，$\boldsymbol{k}$ 空間で K 点のまわりで 1 周すると位相が π だけかかり，マイナスの符号がつく．2 周すると位相が 2π かかり元に戻る．$f(\boldsymbol{k})$ のような関数を 2 価関数と呼ぶ．K 点以外の点（例えば Γ 点，M 点）のまわりで 1 周回っても π の位相がつくことはないので，ディラック点が空間的に特殊であるといえる．量子力学の波動関数は，通常は 1 価関数である（すなわち，位置や $\boldsymbol{k}$ を決めれば関数値が 1 つ決まる．）が，グラフェンのような特殊な波動関数であっても，適当な『切れ目』を入れて 1 価関数として定義して支障がない[34]．後方散乱効果を起こす 2 つの散乱した電子の波動関数の位相差はこの定義の範囲内で（2π でなく！）π になる．したがって 2 つの散乱過程はお互いに打ち消す関係になる [20]．

このように 2 周すると元の関数値に戻り，2 つの成分を持つ波動関数の例としては，電子のスピン波動関数[35]がある．グラフェンの 2 成分を持つ波動関数とスピン波動関数は同じ形式なので，グラフェンの波動関数を**擬スピン**と呼ぶ [77]．グラフェンの波動関数における擬スピンの上向き，下向きはそれぞれ，波動関数が単位胞の A 原子と B 原子に電子がいるという情報に相当する．さら

---

[33] 複素数 Z を $|Z|e^{i\theta}$ と書いたとき，θ を複素数の位相という．θ は，Z の虚部と実部の比で表され，$\theta = \tan^{-1}(\mathrm{Im}Z/\mathrm{Re}Z)$ で与えられる．例えば $Z = x + iy$ とすると，Z^2 や Z^3 は $Z=0$ のまわりで 1 周しても位相は 2π の整数倍で元の値に戻るが，$Z^{1/2}$ や $Z^{1/3}$ は $Z=0$ のまわりで 1 周しても位相は 2π の整数倍にならず，2 周，3 周して始めて戻る（$Z=1$ のまわりで 1 周すれば位相の変化はない）．$Z=0$ は，複素関数で分岐点と呼ばれる特異点の 1 つである．またある角度 θ を定めると，$Z^{1/2}$ は 2 つの値を取り得る．これを 2 価関数と呼ぶ．$\log Z$ は何周しても元の値に戻らない（多価関数）．このような複素数は複数のリーマン面を持つという．

[34] 何に対して支障がないかというと，この波動関数を用いて物理量を計算するときに支障がないという意味である．物理量の計算では，普通波動関数の位相が物理量の値に影響することはない．切れ目を入れることで，θ の範囲を $-\pi$ から π に制限する．

[35] 電子は，磁気モーメントを持つ．電子はスピン角運動量と呼ばれる，大きさが $1/2$ のスピン自由度を持つ．磁場が z 方向にあるときスピンは，その z 成分が $+1/2$ と $1/2$ の 2 つに量子化された状態をとる．一般に電子の波動関数は，軌道の波動関数とスピンの波動関数をかけた形で表される．

に，この擬スピンに対して擬磁場という概念を導出することができる [77] が，この擬磁場とは，結晶格子の端や欠陥のように，A 原子と B 原子の間の対称性を壊すような状況のときに存在すると仮想的に考えることができる．この擬磁場によって A 原子と B 原子に電子が存在する確率が変化する．佐々木健一は格子振動や，格子振動に伴う電子格子相互作用もこの擬磁場が発生してできると考えて理論を作り，さまざまなグラフェンの現象を擬スピンの運動として説明できることを示した [77]．

7.7 グラフェンの 2 つのディラックコーンとバレースピン ☆☆

ディラックコーンのエネルギー分散関係は単位胞の 2 つの原子（A と B）が等価であるというところから得られるものである．このディラックコーンは 6 角形のブリルアン領域の角で K と K′ というお互いに時間反転（k と $-k$）の関係にある 2 点に存在する（図 7.6(c)）．したがって電流を流す電子やホール[36]は，この 2 つのディラックコーンのどちらかに存在する．電流に寄与する電子やホールがいるエネルギーバンドを『バレー (Valley)(谷)』と呼ぶ．電子は，K と K′ 点付近の 2 つのバレーのどちらかを選択できることを『バレー自由度』と呼び，2 つのバレーに存在する状態を擬スピンと同じように『バレースピン』の上向き，下向きの状態に対応して考えることができる．電子の電荷をコントロールして電流を流すことを『エレクトロニクス』と呼ぶことに対応して，スピンの状態ををコントロールしてスピン流を流すことを『スピントロニクス』と呼ぶ．バレースピンの状態をコントロールしてバレースピン流を流すことを『バレートロニクス』と呼ぶ．バレートロニクスは，実用的なデバイスなどの提案は無いが，バレー状態を制御する理論的な提案はいくつかある [78]．

例えば，1 層のグラフェンの半分のところを 2 層にすると，1 層から 2 層に電子が入射されると，K のバレーの電子は透過するが K′ のバレーの電子は反射する場合があるというような理論的な予想 [79] があり，現在その実験的な検証が試されている（図 7.7(a)）．この場合，電子が片方のバレーに存在しているということをどうやって検証するかというと，トランジスター構造（図 5.2，図

---

[36] フェルミエネルギー付近の電子であり，ディラックコーン上のどこかの k の値に存在する．

7.7 グラフェンの2つのディラックコーンとバレースピン☆☆

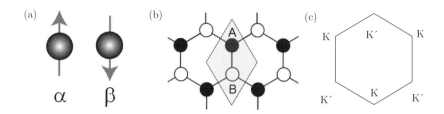

図 7.6 (a) 電子のスピン状態，上向きと下向きの2つの状態がある．実空間の 2π の回転で上向きのスピン状態は下向きのスピン状態に移る．(b) グラフェンの擬スピン状態，A（擬スピン上向き）と B（擬スピン下向き）の場所に電子がいる2つの状態がある．k 空間の 2π の回転で上向きの擬スピン状態は下向きの擬スピン状態に移る．(c) バレースピン状態（7.7節参照）．ブリルアン領域で K 点付近（バレースピン上向き），K′ 点付近（バレースピン下向き）の2つの状態がある．時間反転操作で，上向きのバレースピン状態は下向きのバレースピン状態に移る（NTT 研究所佐々木健一氏のご厚意による）．

5.3）を作り，ゲート電圧を変化させてソース・ドレイン間の電流変化におけるバレーフィルター効果[37]の有無で調べる．

このバレーフィルター効果が観測されるためには，電子が不純物やフォノンの散乱によって別のバレーに散乱しないことが必要である[38]．散乱には同一バレー内で起こる場合と，別のバレーに散乱する場合の2通りがあり，それぞれ谷内散乱と谷間散乱と呼ぶ（図 7.7(b)）．谷間散乱は散乱に伴う運動量（波数）変化が比較的大きい[39]ことが必要である．このため不純物ポテンシャルとしては，実空間で炭素の最近接距離程度の短距離ポテンシャル（点欠陥，格子端）が必要である．またフォノンによる谷間散乱では K 点付近の波数のフォノンが関与する．電子が加速され，フォノンのエネルギー以上になると，電子格子相互作用によってフォノンを放出する．これに要する時間は約 1 ps ぐらいであり，電子のフェルミ速度 10^6 m/s をかけると $1\,\mu$m になる．したがってデバイスの大きさが $1\,\mu$m 以下であれば，フォノンは出ないので，フォノンによる谷間散乱は抑えられるという計算になる．このようにグラフェンの電気伝導を担う電子は，スピン，擬スピン，バレースピンと3種類の自由度を持っていて，それ

---

[37] 片方のバレーに存在する電子のみが電流に寄与し，もう片方のバレーに存在する電子の通過を抑制する効果．
[38] これは後方散乱消失効果のときの条件と同じである．
[39] 6角形のブリルアン領域で K 点と K′ 点を結ぶ辺の長さの大きさの波数変化が必要である．

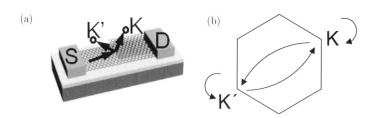

図 **7.7** (a) グラフェンを用いたバレーフィルター素子の概念．グラフェンの左半分が 1 層で右半分が 2 層の構造で左から電子がやってくると，2 層との境界で，K 点付近の電子と K′ 点付近の電子の反射の仕方が異なるので，分離することができる．(b) 谷内散乱と谷間散乱，K 点（K′ 点）付近で散乱するのが谷内散乱で，K 点→K′ 点（または逆）間で散乱するのが谷間散乱である．谷間散乱には大きな k（波数）ベクトルが必要である（東京大学長田俊人先生のご厚意による）．

ぞれが電荷反転対称性 (C)，空間反転対称性 (P)，時間反転対称性 (T) において異なる性質をもっている．これらは，素粒子物理学における素粒子の対称性（CPT 定理）と似ているので，広い意味の物理学との共通点から議論する研究者もいる．

7.8　ナノチューブでのディラックコーン☆☆

　最後にナノチューブでのディラックコーンについて説明する．ナノチューブのディラックコーンはグラフェンの円錐形のディラックコーンを等間隔にスライスしたものである．金属ナノチューブの場合にはグラフェンと同じように線形分散が現れ，半導体ナノチューブの場合には双曲線の分散関係が得られる．

　ナノチューブの場合にも，擬スピンという概念が成立し，電子格子相互作用を擬磁場で記述することで，ラマン分光などを系統的に理解することが可能である [80]（第 8 章参照）．ナノチューブの線形分散で特徴的なのは，π バンドから π* バンドへの光吸収に伴う電子の双極子遷移が禁制なことである [81]．これは波動関数の対称性によるものである[40]．これに対し，グラフェンの場合に

---

[40] ナノチューブの 1 次元のブリルアン領域（カッティングラインと呼ばれる）は，通常 k と $-k$ で縮重していて，群論では 2 重の E 表現であるが，K 点を通るカッティングラインは 1 重の A 表現であり，双極子遷移行列 $<A|\nabla|A>$ の積分が奇関数になるため 0 になってしまうことによる．光吸収の禁制・許容はこのように対称性（群論）で理解できる．

はπバンドからπ*バンドへの光吸収は禁制ではない．

　ナノチューブの場合にもK点のまわりの電子状態の特殊性はグラフェンと同じ起源であるが，グラフェン（2次元）より低次元であるために特異な現象が出やすい．例えば，後方散乱の消失はグラフェンの場合には，2次元方向360°の散乱方向のうち1つの角度（180°）の散乱だけが消失する現象であるのに対し，ナノチューブの場合には，前方（0°）と後方（180°）の2つしか散乱方向がない場合の1つが散乱されないという顕著な性質が現れる（図7.5(e)）[20]．この性質は磁場をかけることで破れ，大きな抵抗の出現（巨大磁気抵抗効果）として観測できる．磁気抵抗効果の起源として，ここにあげた後方散乱の消失効果が磁場によって失われることによって新たに発生する抵抗[20]の他に，ナノチューブ軸に平行に磁場をかけたときにエネルギーギャップの大きさが変わるアハロノフ・ボーム効果[81–83]やナノチューブ軸に垂直に磁場を加えたときにランダウ準位が発生する効果[7]など，新たな抵抗を生む複数の効果があることに注意したい（図書2, 36）．

ティータイム9

英語!! 論文作成や国際会議，国際共同研究で必須であり，日本やアジアの研究者が苦手なものである．しかし最近は，若い人の中でよく英語が話せる人が増えてきた．また単に英語がうまいだけでなく，英語での説明や会話も自然にできる人が増えてきた．これは留学生の増加など英語を話す環境の増加によるところが多い．習うより慣れよの話であろう．

英語で話す場合，文法や発音が良いことにこしたことはないが，最も重要なことは，誤解のない表現を選ぶことである．よどみなく話をしても，内容がちんぷんかんぷんのときもある．一方で，英語はそれほどうまくないが，英語を母国語とする人より内容がはるかにわかりやすい場合もある．簡潔で，明確な表現で話すことは容易ではないが，わかりやすく話す人のお話を注意深く聞いて，何故わかりやすいのか考えてみるのは，大変価値がある．

―――― ティータイム 10 ――――

家庭菜園をすると土の中の様子が見えてくる．土の中にはミミズやオケラなどの昆虫，人間の目でギリギリ見えるダニのような小動物，カビなどの菌類，そしてもっと小さい細菌が天文学的な数で存在する．土中生物の生態系を育てることは野菜の成長に必須である．野菜が成長するには肥料の三大要素 N（窒素，葉），P（リン，実），K（カリ，根）が絶えず適量供給されることが望ましい．化成肥料ならこの三成分が水に溶ける形で供給されるので，痩せた土地にはビタミンドリンク剤のように即効性がある．化成肥料で育てられた野菜は立派だが，おいしくない．またトマトのように収穫期が長い野菜を化成肥料で育てると収穫時期が短くなる．一方，有機肥料は，土中生物が有機物を食べ分解しないと植物が栄養として吸収できないので，肥料の効果としては遅いが効き目は長い．しかも細菌などが有機肥料を分解する速度は気温とともに増加するので，植物の生長が速い夏になると供給される肥料成分が自動的に増える仕組みになっている．この需要と供給の関係に，ぴったり合うような有機肥料の量と分解者の量の調節が腕の見せ所である．著者の感覚では，有機肥料を必要量の 85% ぐらいに抑え，夏の盛りは足りない 15% 分を化成肥料で補うぐらいが，土の細菌も私も満足なようである．なんといっても有機肥料で作った野菜のほうがおいしい．さらに，おいしい野菜を作る著者の秘策がある．微量元素肥料である．これは化学肥料なのだが，三大要素である N, P, K ではなく，微量必要な元素である，Ca, Mg, S, Mn, B, Fe, Cu, Zn, Cl, Mo, などを含んでいる．微量元素の量の調整は非常に難しいので，市販のものを購入し，決められた量を正確に与えているが，野菜の元気さが全く違う．仙台でもミニトマトが 12 月まで収穫できる．元気なトマトを食べる筆者も元気である．微量元素の役割は複雑である．例えば，Mo はマメ科の窒素同化作用で共生する根粒菌中の酵素に使われているらしい．筆者の物理の研究でも MoS_2 が対象であるから，Mo は「ヨッ，元気」と声をかけたくなるほど身近な元素である．

第8章 グラフェンとナノチューブのラマン分光☆☆

ラマン分光とは光の非弾性散乱光を測定する実験手法である．グラフェンやナノチューブの試料評価では，ラマン分光が非常に多く利用される．一方で，ラマン分光の解析はわかりにくいことが多い．本章では式を用いないでナノカーボンにおけるラマン分光のスペクトルの特徴と解析方法を紹介する．

8.1 ラマン分光とは☆☆

光を物質に当てると，光が物質に吸収，透過，反射するといった現象の他に，散乱という現象が起こる．物質表面では光がさまざまな方向に散乱される．通常我々は散乱光を『見る』ことによって『物質がそこにある』ということを認識する[1]．物質から発せられる散乱光の強度は，波長によって異なる（波長依存性）．この性質によって我々は『物質の色』を認識するのである．この波長依存性のある散乱光の強度はまた，入射光の波長にも依存する．例えば海中の深いところでは入射光として青い光しかないので，物質の色がよくわからなくなる[2]．

光の散乱には2種類あって，弾性散乱と非弾性散乱がある．それぞれレイリー散乱，ラマン散乱と呼ぶ[3]．ここで光の弾性散乱とは散乱の前後で光のエネルギーが変わらない散乱であり，非弾性散乱とはエネルギーが失われる（または

---

[1] もちろん物質自体が発光するという現象もあり，その場合には発光する光を目がとらえることになる．例えば天文学は主に星からの発光を観測する．

[2] 白色光（いろいろな波長に光が混じった光）の方が色を認識しやすい．商店でも商品をよりよく見せたり，精神を安らかにするために，あかりに工夫を凝らす場合が少なくない．

[3] レイリー散乱，ラマン散乱は，光の波長以下の大きさの物質（分子や原子）の散乱である．光の波長程度の大きさの物質の散乱はミー散乱と呼ぶ．物質の質感はミー散乱が関係している．空気中の微粒子や水滴で空気が白くみえるのはミー散乱である．

増える）散乱である[4]．失われたエネルギーは物質中の何らかの素励起[5]に使われるが，ラマン分光で代表的な素励起は格子振動（フォノン）である．入射光（フォトン）のエネルギーは，ラマン散乱でフォノン1個または2個以上のエネルギーを失う．

実験では，単一波長のレーザー光を当てて散乱光を分光器[6]で波長ごとに分解して散乱光強度（ラマン強度）をCCDカメラで測定する（図8.1(b)）．得られたラマン強度を，入射光のエネルギーの減少分（ラマンシフトと呼ぶ）の関数としてグラフにしたものがラマンスペクトルである（図8.1(a)）．ラマンスペクトルの横軸であるラマンシフトの単位は波数（cm^{-1}）である[7]．ラマンのスペクトルのピーク位置からフォノンの振動数がわかる．この振動数と計算機で計算した分子振動や固体中の格子の振動数と比べることにより，ラマンスペクトルを与える分子の種類や固体の構造が何であるかを探るのが通常のラマン分光の使い方である（図書3,5）．

入射光がフォノンのエネルギー分もらって，入射光より高いエネルギーのラマン散乱光も観測できる．これをアンタイ・ストークス散乱と呼ぶ．これに対しフォノンのエネルギー分低いラマン散乱光をストークス散乱と呼ぶ．分光器上でアンタイ・ストークス散乱とストークス散乱のスペクトルは，レイリー散

---

[4] 友達に1000円お金を貸して1000円戻ってきたら，これは『お金の弾性散乱』である．友達が100円のジュースを買って900円しか戻さなかったら，非弾性散乱である．友達が利息をつけて1100円返した場合も，非弾性散乱である．

[5] 物質中での励起とは，格子振動などエネルギーが塊（量子化したエネルギー）として発生すること，もしくは発生したものである．前例のジュースのように1本，2本と数えられその金額（エネルギー）も100円，200円と離散的である．数えられるエネルギーの塊を素励起（それいき）と呼ぶ．格子振動を量子化した素励起をフォノンと呼ぶ．フォノンのエネルギーは，$(n+1/2)\hbar\omega$，（$\hbar=h/2\pi$ はプランクの定数，ω は角振動数，n は整数でフォノンの数）で与えられる．

[6] 回折格子で光を反射させると波長によって散乱される方向が変わる．このように光を波長ごとに分解する装置を分光器（モノクロメーター）という．CDやDVDで光を反射させると虹色に見えるのと同じ原理である．2, 3の分光器を直列につないで2, 3回光を分解することで波長の分解能をあげる（強度は小さくなる）ことができる．

[7] 分光学で使う波数 k は（1/波長）である（固体物理では（2π/波長））．波長 λ の光もエネルギーの塊として量子化されていて，$E=h\nu=hc/\lambda=hck$ のエネルギーを持つ（h はプランクの定数，ν は振動数）．したがって，この波数 hck としてエネルギーの単位として使う．$1\,eV=8065\,cm^{-1}$ はラマン分光で頻繁に使う換算式である．cm^{-1} をカイザー（人名）または，wavenumber と呼ぶ．（1/波長）と（2π/波長）を区別して英語で話したい場合には，前者を spectroscopic wavenumber, 後者を angular（または circular）wavenumber と呼ぶ．wave vector は，大きさが（2π/波長）の波数で向きが波の進行方向のベクトルである．例えば $1600\,cm^{-1}$ は $0.2\,eV$ に相当する．

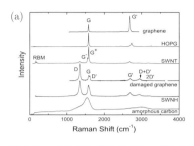

図 **8.1** (a) いろいろなナノカーボンのラマンスペクトル．縦軸がラマン強度，横軸がラマンシフト．上からグラフェン，グラファイト（highly oriented pyrotic graphite, HOPG），単層カーボンナノチューブ（SWNT），欠陥の多いグラフェン，ナノホーン（円錐形の物質，SWNH），アモルファス（非晶質）カーボン．G, G′, D, RBM はラマン信号につけられた名前（8.2 節参照）（ブラジル，Ado Jorio 先生のご厚意による）．(b) 顕微ラマン分光装置，顕微鏡の対物レンズで入射光をしぼり試料に照射する．試料からの散乱光も顕微鏡を通して観測する．小さな試料でも観測できる．また大きな試料でも光を当てる位置を変えて観測できる．レーザーや分光器は右の大きな箱に入っている（埼玉大学上野啓司先生のご厚意による）．

乱のスペクトルを真ん中に，反対側に対称的な位置に現れるので区別できる．アンタイ・ストークス散乱（フォノンを吸収）を起こすには物質中にフォノンがないといけないので，温度が高い方がアンタイ・ストークス散乱強度が強くなる[8]（図書 3）．

8.2　ナノカーボンのラマン分光☆☆

ラマンスペクトルの代表的なものとして，G バンド，D バンド，G′ バンド，RBM バンドを説明する [84]．

8.2.1　G バンド☆☆

ナノチューブやグラフェンは，共通の sp^2 結合で結晶格子を作るので，sp^2 結合に関連した格子振動の振動数はナノカーボン共通の値を取る．例えば sp^2 結合の C-C ボンドのボンド長が変化するスペクトルはおよそ $1,600\,\text{cm}^{-1} = 0.2\,\text{eV}$

---

[8] 角振動数 ω のフォノンのアンタイ・ストークス散乱とストークス散乱のラマン強度比は，$I_{AS}/I_S = \exp(-\hbar\omega/k_B T)$ で与えられる．ここで k_B と T はそれぞれボルツマン定数 $1.38 \times 10^{-23}\,\text{J/K}$，絶対温度である．

ぐらいに現れる．これを G バンドと呼ぶ．炭素以外の他の元素（例えば Si や Al）は，炭素より原子量が大きいので，ラマンスペクトルは G バンドよりはるかに低いところに現れる．したがって G バンドが観測できれば，sp^2 結合を持った炭素材料であると判断できる．

グラフェンやグラファイトの G バンドは，$1585\,\mathrm{cm}^{-1}$ に観測される．スペクトルの半値幅[9]は $10\,\mathrm{cm}^{-1}$ である．ナノチューブの G バンドは，G+ と G− の 2 つのスペクトルに分裂する [85]．これはナノチューブが円筒面を持っていることに関係して，円筒軸方向の振動に対応する G+ バンドは直径によらず一定の値（$1590\,\mathrm{cm}^{-1}$）を持つのに対し，円筒の赤道方向の振動に対応する G− バンドはナノチューブの直径が小さくなるにつれラマンスペクトルが低いところに現れる．G− バンドの振動数の減少量は直径の 2 乗に反比例する [85] ので G+ と G− の 2 つのスペクトルがはっきり見える場合には，そのスペクトル差から直径の大きさを評価できる[10]．ナノチューブの G バンドの振動数の変化は，円筒形のもつ歪みからきているので，グラフェンに応力を加えても G+,G− に分裂することを観測できる [86]．

8.2.2　D バンド☆☆

ナノチューブやグラフェンの結晶格子に欠陥（例えば，結晶の端，原子が格子から 1 つとれた点欠陥など）があると，$1350\,\mathrm{cm}^{-1}$ あたりに D バンドと呼ばれる，欠陥に起因したラマンスペクトルが現れる．欠陥のないグラフェンやグラファイト，ナノチューブの場合には D バンドが観測されないので，D バンドは結晶の品質の評価する場合によく用いられる [87]．とくに G バンドと D バンドのピーク強度比[11]（GD 比，I_G/I_D）の大小でサンプルの品質の良し悪しを議論される場合が多い [88,89]．グラフェン（グラファイト）の試料は通常多結晶であり，小さな結晶が集まってできている．多結晶中の 1 つの単結晶の大

---

[9] スペクトルのピークの半分の値になる位置でのスペクトルの幅を半値幅と呼ぶ．半値幅として半値全幅（FWHM, full width at half maximum）と半値半幅（HWHM, half width at half maximum）の 2 つがある．実験でスペクトル幅といったら FWHM である．ラマンスペクトルの公式では HWHM の場合があるので注意が必要である．

[10] ラマンのスペクトルの位置は，同じ直径の金属と半導体ナノチューブで異なり，金属のナノチューブの方が G+ と G− の差が大きい．

[11] ラマンスペクトルの強度はピーク強度と積分強度（図書 3, [85]）の 2 種類がある．ピーク強度はスペクトルの極大のところの強度であり，積分強度はピークを含む波数領域を積分した強度である．積分強度は半値幅に関係しない量である．

きさの平均値を L_a nm とすると，

$$L_a = \frac{560}{E_{\text{laser}}^4} \cdot \frac{I_G}{I_D} \tag{8.1}$$

のように経験的に与えられる [90]．ここで E_{laser}（単位は eV）は入射レーザーのエネルギーである．

式 (8.1) で与えられるように，D バンドの強度 I_D は欠陥が多いほど（L_a が小さいほど）強い．ただし同じ試料に対し，入射のレーザーのエネルギーを大きくすると急速に D バンド強度が小さくなるので，注意が必要である．4 eV 以上の紫外線レーザー光では D バンド強度がほとんど観測されない [91] ので，それをもって『欠陥がない』と判断するのは正しくない．また，入射のレーザーのエネルギーを大きくすると D バンドのラマンシフトの値も増加する点も注意すべき点である．上で示した，1350 cm^{-1} という値は，$E_{\text{laser}} = 2.41$ eV の場合の値である．E_{laser} の値を 1 eV 大きくすると，D バンドのシフトの値が 53 cm^{-1} 増加する．このような D バンドのシフトの変化は，2 重共鳴ラマン散乱を理解することで説明できる [92,93]（8.3.3 項参照）[12]．

8.2.3　G′(2D) バンド☆☆

2700 cm^{-1} あたりに強く観測されるのが G′（ジープライム）バンドである．D バンドの 2 倍よりわずかに小さいラマンシフトの値をもち，E_{laser} の値を 1 eV 大きくすると，G′ バンドのシフトの値も 2 倍の 106 cm^{-1} 増加するので，2D バンドとも呼ばれる [95][13]．しかし G′ バンドは欠陥が無い場合に存在するラマンスペクトルであり，逆に欠陥が多いナノカーボンの場合には，G′ バンドの強

---

[12] 欠陥に起因するラマンシグナルは複数あり D（defect）という名前（D，D* など）がついている．一方，欠陥に起因しないラマンシグナルは G（graphite）という名前がついている．欠陥に起因するシグナルとしては D′ 1620 cm^{-1} がある [87]．少し紛らわしいのは，ダイアモンドのラマンスペクトルで，sp^3 結合の C-C ボンドの振動が 1332 cm^{-1} に観測される [94]．sp^2 結合 D バンドの振動数 1350 cm^{-1} に近いが，ダイアモンドのラマンスペクトルは欠陥に起因しないバンドである．1332 cm^{-1} のスペクトルは特に名前がないが，diamond の D をとって D の記号をつける場合があり混乱する場合がある．

[13] ラマンスペクトルに限らず，ものや現象の名前は，研究者によって呼び方が違う場合がある．混乱しないように統一すべきであるが，使う人が半々に分かれてしまうと統一しにくい．歴史的には G′ バンドという用語がグラフェンが発見される前までは広く使われてきたが，グラフェンのラマン分光の最初の論文 [95] が 2D と呼んだためにグラフェン関係者が広く 2D と呼ぶようになった．著者らは，グラフェンの発見以前より G′ バンドという用語を用いている．2D は『2 次元』という意味で使うし，2D

度が小さくなり D バンドの強度が増加する [87]．また結晶性の高い単層のグラフェンのラマンスペクトルでは，G' バンドの強度が G バンドより大きくなる．また，グラフェンの層の数が増えると G' バンドのスペクトル幅が広がりピーク強度が小さくなる [95]．この傾向はグラファイトの G' バンドに連続的につながっている．

8.2.4　RBM バンド☆☆

ナノチューブ固有のラマンスペクトルとして，直径が振動するモード（radial breathing mode, RBM）がある [7, 84]．断面が円の形を保って直径が振動すると，sp^2 結合の C-C ボンドのボンド長が変化する振動になるので，ラマンスペクトルが観測される[14]．RBM の振動数は直径に反比例し，直径を d_t nm とすると $(248/d_t)\,\mathrm{cm}^{-1}$ で表すことができる [69][15]．

RBM はナノチューブだけにしかないモードで，G, D, G' とまったく異なる低振動数側に現れるので，ナノチューブ合成後の試料評価に広く用いられている．d_t が 2 nm 以上になると，RBM の強度が小さくなるだけでなくシフトが 100 cm^{-1} 以下になるので，レイリー散乱光のスペクトル[16]にかぶってしまって観測が困難になる．

また，いろいろな直径が混在するようなナノチューブ試料であっても，特定のレーザーの光に対して，次節で説明するような共鳴条件を満たすナノチューブ

というと D の倍音 (overtone mode) のように感じられるが倍音ではない．しかしカンガルーが現地語で『私は知らない．』という意味に由来するのと同じように，ネーミングの議論を熱心にするのはあまり意味が無いように思う．

[14] ラマン効果はすべての種類のフォノンで観測されるわけでない．格子振動によってC-C ボンド長や単位胞の面積（体積）が変化するとき，電子と格子の間に相互作用が働きラマン散乱が起きる．ラマン散乱が起きるフォノンモードをラマン活性モードという．

[15] この式は，我々の文献 [69] よりとった．実際のナノチューブは，束になって存在したり，基盤の上に少し変形して存在するので振動数が少しずれる．その後いろいろな人から経験的な式が与えられている（図書 3）．大体の直径の評価なら，この式で十分である．

[16] レイリー散乱光のスペクトルは 0〜100 cm^{-1} ぐらいにわたり幅広く広がっている．レイリー散乱は弾性散乱であるから，0 cm^{-1} にピークを持つスペクトルであるが，ラマンスペクトルのスペクトル幅 (10 cm^{-1}) に比べて広いスペクトル幅 (100 cm^{-1}) を持つ．分光において現れるスペクトルの幅は，関係する散乱過程の寿命の逆数（量子力学での不確定性原理．寿命 × スペクトル幅が $\hbar$ 程度）になる．寿命が 10 fs = 10^{-14} sec ぐらいの場合にはスペクトル幅が 100 cm^{-1} になる．レイリー光や入射光の影響を受けないようにするために入射光だけ選択的に遮断する，ノッチフィルターが実験で用いられる．

の RBM バンドだけが観測される．したがって，観測された直径のナノチューブが存在するのは確かだが，共鳴条件を満たさない他の直径も単に見えないだけで存在することを理解して試料を評価する必要がある．逆に共鳴条件を満たすナノチューブであれば，ナノチューブがたった 1 本しかなくてもラマン信号が観測できる [69]．この 1 本のナノチューブの信号を観測するために，顕微ラマン分光（図 8.1(b)）が用いられる（図書 3）．この顕微ラマン分光法は，顕微鏡にレーザー光を通し，レンズで光を波長（$1\mu m$）程度の直径に集めた強い光を試料に当て，ラマン散乱光を同じレンズで集めて信号を測定する方法である．顕微ラマン分光装置ではサンプルがある台（ステージ）が x, y 方向に動き，ナノチューブがどこにあるかを観測したり（ラマンイメージング），レンズの焦点位置を変えて z 方向の位置（z-スキャン）を決めたりすることが可能である．このようにして試料の比較的広い面積に対して光を走査することで試料の全体の様子を $1\mu m$ の空間分解能[17]で知ることができる [87]．

8.3　共鳴ラマン分光☆☆☆

　ラマン散乱では，入射光を光の吸収（発光）が起きる波長にすると，散乱光の強度が非常に大きくなる．これを共鳴ラマン効果と呼び，共鳴ラマン効果を用いたラマン分光を共鳴ラマン分光と呼ぶ[18]．ラマン散乱は，物質中の電子から見れば (1) 電子が光のエネルギーを吸収して励起する，(2) 光励起した電子がフォノンを放出する，(3) エネルギーをフォノン分だけ失った電子が散乱光を出す，という 3 つの過程（光学プロセス）が連続的に起こることによる（図 8.2）．3 つの過程のうち，(1)（または (3)）が，光の吸収（図 8.2(a)）または発光（図 8.2(b)）に関係するとその過程が起きる確率が非常に大きくなる[19]．

---

[17] デジカメでどんなに拡大しても画素の大きさより細かな情報を得ることはできない．この場合の画素の大きさを，空間をどれぐらい小さく分解して見ることができるかという性能として空間分解能という．第 1 章で触れたように，デジカメの画素数をどんなに増やして光学顕微鏡で観測しても，光の波長以下の空間分解能を得ることはできない．

[18] バネを強制振動させるとき，バネの固有振動数と同じ振動数で外から力を加えたとき，振幅が最大になるのと同じ原理である．またブランコの振動も，振幅は周期にあった力を加えるとき最大になる．すべて共鳴と呼ばれる現象である．

[19] ラマン強度は 3 つの過程の確率の積に比例する．1 つでも大きくなればその効果は大きい．通常共鳴ラマン分光はの強度は，非共鳴のラマン分光の強度に比べて 1000 倍

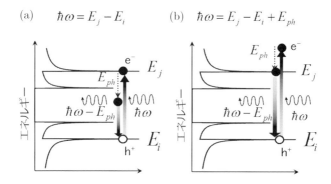

図 8.2 共鳴ラマン分光の光学プロセス．(1) 外部から $\hbar\omega$ の光が入ってきて，電子が E_i から励起される．電子がなくなった部分はホール (h) になる．(2) エネルギーが E_{ph} のフォノンを放出．(3) $\hbar\omega - E_{ph}$ のラマン散乱光を放出する．(a) 入射光共鳴: $\hbar\omega = E_j - E_i$ のとき，光の吸収エネルギーに共鳴して，ラマン散乱光が強くなる（共鳴ラマン効果）．(b) 散乱光共鳴: $\hbar\omega = E_j - E_i + E_{ph}$ のとき，散乱光のエネルギーが発光のエネルギーに共鳴して，ラマン散乱光が強くなる．

8.3.1 2つの共鳴条件☆☆☆

分子における光の吸収は，電子が占有している分子軌道状態 (E_i) から非占有している分子軌道 (E_j) に遷移して起こる（図 8.2，図書 5）．発光はその逆のプロセスである．図 8.2(a) のときの光のエネルギー $\hbar\omega$ は2つの分子軌道のエネルギー差 ($\Delta E \equiv E_j - E_i$) に対応する．光のエネルギー $\hbar\omega$ が分子軌道のエネルギー差に等しいとき（$\Delta E = \hbar\omega$，入射光共鳴条件）に共鳴ラマン散乱が起こる．また図 8.2(b) の場合，フォノンのエネルギー分 E_{ph} 失った後のエネルギーが，分子軌道のエネルギー差に等しいとき（$\Delta E = \hbar\omega - E_{ph}$，散乱光共鳴条件）も共鳴ラマン散乱が起こる．このように分子軌道のエネルギー差と1つのフォノンがある場合には，入射光共鳴と散乱光共鳴の2つの共鳴条件がある[20]．

通常市販されているラマン分光装置は，レーザー光源が1種類または2～3種

ぐらい大きくなる．非共鳴のラマン強度は，入射光の強度の 10^{-5} 倍程度の大きさであり，反射，吸収，透過の強度 1～1/100 倍の大きさに比べてはるかに小さい．

[20] さらにラマンスペクトルが2種類以上あるとき（例えば RBM と G バンド）入射光共鳴条件はすべてのスペクトルで共通であるが，散乱光共鳴条件は，フォノンのエネルギーが異なるのでフォノンごとに異なる．またストークス散乱とアンチストークス散乱でも，入射光共鳴条件は同じであるが，散乱光共鳴条件は $\Delta E = \hbar\omega + E_{ph}$ になる．アンチストークスの光学プロセスを図 8.2 にならって書いてみるとよい．

類であるので，連続的に波長を変えるのは困難である．色素レーザー[21]を用いて特定の波長領域をほぼ連続的に変化させることは可能である [96][22]．波長をたくさん変えると，レイリー光を取り除くフィルター（ノッチフィルター）を波長ごとに用意しなければならないので大変である[23]．ノッチフィルターを用いないで，分光器を3つ直列に並べて，レイリー光を取り除くことも可能であるがこの場合は強度が弱くなる．したがって信号を得るために測定時間が長くなる[24]．

8.3.2 固体での共鳴ラマン散乱☆☆☆

固体での共鳴ラマン散乱では，波数 k_i の価電子帯 E_v から k_f の伝導帯 E_c へ光を吸収する場合ラマン強度が強くなる．この吸収の過程では，電子の運動量の変化 $\hbar(k_f - k_i)$ は光の運動量 $\hbar\omega/c$ （c は光の速度）と等しく，また $\hbar\omega = E_c(k_f) - E_v(k_i)$ のエネルギー保存が成り立つ．ここで，光の分散関係（エネルギーと波数の関係）$\hbar\omega = \hbar ck$ はエネルギーバンド $E_v(k_i), E_c(k_f)$ の分散関係に比べて傾きが非常に大きいので，光の吸収によって電子は，k 空間で『垂直に（$k_i = k_f \equiv k$）遷移』すると考えてよい[25]．

垂直に励起した電子は，光を出すときも垂直に遷移すると考えてよい．さもないと，価電子帯のホール（非占有の状態）に電子が戻ることができないからである．したがってフォノンも波数 $q = 0$ のフォノンだけ[26]が固体のラマン分

---

[21] 色素レーザーとは，レーザー光を色素に当てて別の波長の光を出す方法を用いたレーザーである．色素を変えて波長を比較的自由にかえることができる．

[22] レーザー光のエネルギーを変化させて（x 軸），ラマン強度を y 軸でグラフにしたものを，ラマン励起プロファイルと呼ぶ．このプロファイルでピークを与えるエネルギーが共鳴条件になる．

[23] ノッチフィルターは車が買えるような値段である．一般に光学に使われる実験装置は非常に精密なので値段が高い．

[24] 実験で信号（ラマン強度などのシグナル）を測定する場合，本来測定したい信号の他に，雑音（ノイズ）も測定器で観測される．雑音は，実験装置に由来するものもあれば，装置のまわりの環境や物質本来のものもあり簡単に除くことはできない．信号対雑音の強度比（シグナル・ノイズ比，SN 比）が十分大きくないと信号が信号として意味のあるものにならない．このため多くの実験では長い測定時間をかける．ラマン分光では，通常は 10 秒程度から 1 時間ぐらいの時間で測定する．

[25] この近似は 5 eV 以下の光では良い近似である（確かめてみるとよい）が，X 線のように 100 eV 以上のエネルギーの場合には，$k_i \neq k_f$ であることに注意したい．運動量・エネルギー保存則を考えて，励起した状態を考える必要がある [97]．

[26] $q = 0$ のフォノンはブリルアン領域の Γ 点でのフォノンであり，zone-center phonon と呼ぶ．

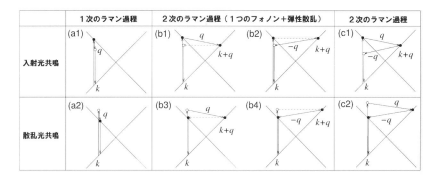

図 8.3　固体での共鳴ラマン散乱．X の線はグラフェンのエネルギー分散関係．(a1), (a2) は 1 次のラマン過程．k の波数を持つ電子が元に位置に戻るには，$q = 0$ の波数のフォノンのみラマン過程で可能である．上は入射光共鳴，下は散乱光共鳴．(b1)-(b4) は，散乱が 2 回起きる 2 次のラマン過程．元の k の状態に電子が戻るために，q と $-q$ の波数の散乱が起きる．黒い丸が共鳴条件を満たす点である．(b1)-(b4) の場合には 2 回の散乱のうち 1 回が，弾性散乱（水平な破線，エネルギーが保存）残り 1 回が非弾性散乱（フォノンを出す）．共鳴条件としてこの 4 つが可能である．(c) q と $-q$ の波数のフォノンを 2 回放出する 2 次のラマン過程．

光で観測される（図 8.3(a1), (a2)）[27]．励起された電子が，もし $q \neq 0$ のフォノンを出してしまった場合には，電子は光を出して価電子帯に戻ることはできない．この場合には電子はさらに別のフォノンを放出して伝導帯の底まで緩和する（図 7.2）．この電子はラマン散乱光に寄与しない．

8.3.3　2 重共鳴ラマン散乱☆☆☆

$q \neq 0$ のフォノンを出した後に，次に $-q$ のフォノンを出すと，電子は元の波数の位置にに戻ることができるので，ラマン散乱光を出すことができる．これは 1 つまたは 2 つのフォノンを出すプロセスであり，2 次のラマン過程と呼ぶ（図 8.3(b1)-(b4), (c1)-(c2)）[93]．2 次のラマン過程の可能性はベクトルとしての q の取り方によらないので，一般にはスペクトル幅が広くまた強度（ラマン過程が起きる確率）が小さい．しかし 1 次の共鳴ラマン分光の場合と同じように，2 つの中間状態が同時に実際の電子状態になる場合，共鳴によるラマン散乱の電磁波の振幅が増強される効果が 2 回起きるので，1 次のラマン過程にお

---

27) 固体中のフォノン（振動数 ω）は，電子のエネルギーバンドと同じように，エネルギー波数 q の関数として分散関係 $\omega(q)$ がある．

ける共鳴効果と同程度の強度になる．このような $q \neq 0$ のフォノンに対する 2 重の共鳴効果を，**2 重共鳴ラマン効果**と呼ぶ [92].

ナノチューブやグラフェンの場合には，ブリルアン領域の K と K′ に 2 つのディラックコーンが存在するので，2 つのディラックコーン間に電子が $q \neq 0$ のフォノンを発生しながら散乱（谷間散乱，図 7.7）することができる（図 8.4）．k 空間で谷間の距離に相当する K 点のフォノン[28]を 2 つ放出して 2 重共鳴ラマン散乱を起こしたものが，G′(2D) バンドである [93]．また 2 つの谷間散乱のうち 1 つが，フォノンではなく不純物による弾性散乱になる場合が D バンドである [87]．したがって，D バンドの信号が観測されるために不純物による弾性散乱が起きることが必要であり，欠陥に起因するラマンスペクトルであることがわかる．このように 2 重共鳴ラマンでは，(1) 2 つのフォノンを放出する場合（図 8.3(c1)-(c2)，欠陥は不要）と (2) 1 つのフォノン+弾性散乱の場合（図 8.3(b1)-(b4)，欠陥が必要），の 2 つの場合がある．また (2) の場合には，最初に弾性散乱が起きる場合と，フォノンの放出後に弾性散乱が起きる場合では，2 重共鳴条件を満たす q の大きさが若干異なる [98][29]．これが G′ バンドのラマンシフトが D バンドのシフトの 2 倍よりわずかに小さくなる理由である．

光の励起エネルギーが増加すると電子の k の位置が K から離れる．このとき 2 重共鳴条件を満たす q の大きさが大きくなるために，ラマンシフトの大きさがフォノン分散関係にそって変化する（図 8.4(b)）[92]．これが G′ バンドや D バンドのラマンシフトが光の励起エネルギーに依存して変化（G′ バンドが $106\,\mathrm{cm}^{-1}\mathrm{cm/eV}$, D バンドが $53\,\mathrm{cm}^{-1}\mathrm{cm/eV}$）する理由である．逆にラマン信号が 1 次のラマン過程か 2 次のラマン過程のどちらかであるかを判定する簡単な方法は，励起波長を変えてラマンシフト値が変化しないか，変化するかで判定できる [87]．

---

[28] KK′ 間の波数の長さは ΓK 間と同じであるので K 点のフォノンが関係する．
[29] 2 重共鳴条件を満たす q の大きさはストークス散乱とアンチストークス散乱でも異なる [98]．

116　第8章　グラフェンとナノチューブのラマン分光☆☆

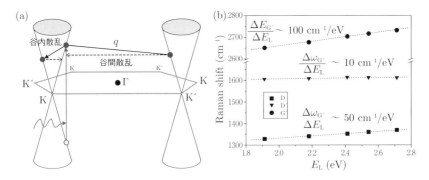

図 8.4 (a) D バンドや G' バンドは，K 点と K' 点の 2 つのディラックコーン間を結ぶ波数 q による散乱（谷間散乱）による，2 次のラマン散乱過程である．一方 D' は谷内散乱による 2 次のラマン散乱過程である．入射する光のエネルギーの大きさが大きくなると共鳴する条件が変わり，光吸収を起こす電子の波数 k の値が変わる．その結果 2 重共鳴を起こすフォノンの波数 q の値が変化し，ラマンシフトの値が変化する．(b) このように 2 重共鳴によって観測されるラマンスペクトルのシフトは入射光のエネルギーが変わることで変化する．上から G' バンド，D' バンド，D バンド．

8.4　ラマン分光の使い方☆☆

8.4.1　ナノチューブの構造の決定☆☆

　ナノチューブの構造は共鳴ラマン分光を用いて決定する．ナノチューブの電子状態の状態密度がエネルギーのバンド端で発散するエネルギー（VHS，6.3.1 節参照）がある [9] ため，π バンドの i 番め[30]の VHS から π^* バンドの i 番めの VHS への光遷移（E_{ii}）[31]は非常にシャープなエネルギーで起きる（図 8.5(a)）．この E_{ii} の値は，ナノチューブの立体構造である (n,m) で異なる値を取り，ナノチューブの直径の関数として与えられている [99, 100]（図 8.5(b)）[32]．また RBM バンドのラマンシフトは直径に反比例するので，共鳴ラマンシフトの値

---

[30] ここで i は整数で，ディラック点のエネルギーから近い方から 1,2,3 と数える．
[31] π バンドと π^* バンドはディラック点のエネルギーに関して対称な形をしているので，2 つの VHS の k の位置が同じなので光遷移が可能である．
[32] Kataura（片浦）プロットと呼ばれている [101]．ナノチューブの場合には光の遷移エネルギーは，エキシトン（励起子）といって電子とホールの間のクーロン力の相互作用の効果を強く受ける．図 8.5 のプロットはエキシトンの効果 [102] も取り入れた図 [100] であるが，本書では簡単のためエキシトンの説明 [103] を省いた．http://flex.phys.tohoku.ac.jp/eii/ にデータがある．

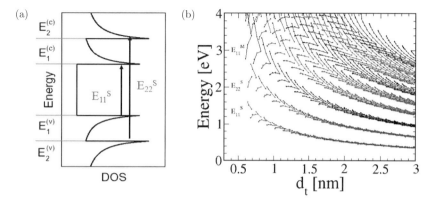

図 8.5 (a) ナノチューブの状態密度（横軸）は発散する（ファンホーブ特異点 VHS）．π バンドの i 番目の VHS から π^* バンドの i 番目の VHS への光遷移 (E_{ii}) が強く起きる．(b) すべての (n,m) について，E_{ii} のエネルギーを直径 d_t の関数でプロットしたものを片浦プロットと呼ぶ．例えば $d_t = 1\,\mathrm{nm}$ の半導体ナノチューブ (S) の場合は，E_{22}^S の光吸収（共鳴ラマン分光）は $1.8\,\mathrm{eV}$ の光で起きる．また $d_t = 1\,\mathrm{nm}$ の金属ナノチューブ (M) の場合は，E_{11}^M の光吸収（共鳴ラマン分光）が $2.3\,\mathrm{eV}$ の光で起きることがグラフから読み取ることができる．

から直径の値を評価できる．励起光エネルギーの情報と組み合わせて，(n,m) の構造を同定できる．

実験では，束（バンドル）状のナノチューブ[33]にエネルギー E_L のレーザー光を与えると，共鳴条件 $|E_L - E_{ii}| < 0.1\,\mathrm{eV}$ を満たす複数の (n,m) のナノチューブの RBM ピークが観測される．E_L を変化すると，別の共鳴条件の (n,m) が観測される [69]．しかしバンドルのナノチューブの直径分布を測定するには，結果的に多くのエネルギーのレーザーが必要であり実用的ではない[34]．

ラマン分光として相補的な実験として発光分光の実験が行われている（図 8.6）[46]．発光分光では光吸収波長を縦軸に，発光波長を横軸に 2 次元的に表示すると，例えば E_{22} で吸収した光が E_{11} で発光する場合（図 8.6(a)）には 2 つのエネルギーが交差する点で強い信号が得られる．図 8.6(b) の各点は，(n,m) のナノチューブからの信号であることが図 8.5(b) のグラフからわかるので，試料中のナノチューブの分布がわかる．さらにナノチューブの振動子強度の評価

---

[33] ロープとも呼ばれる．図 3.7(d) 参照．
[34] 直径分布を測定するには，次に説明する発光分光と吸収分光を同時測定の方法が広く用いられているが，発光しない金属ナノチューブは観測できない．

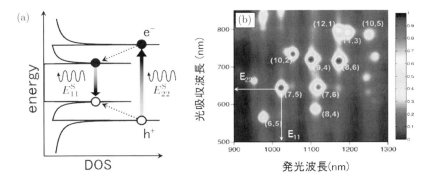

図 8.6 (a) 発光の過程．エネルギー E_{22} の光で電子が励起した後，フォノンを出して緩和して，電子とホールが E_{11} まで移動して E_{11} のエネルギーを放出して発光する．(b) 縦軸に入射光の波長，横軸に発光の波長として，発光の強度をプロットしたもの．各点が (n,m) のナノチューブの E_{22}, E_{11} に対応するところで強い発光が見られる．ここから試料中のナノチューブの (n,m) の分布がわかる．このプロット 2次元発光プロットと呼ぶ（東京大学丸山茂夫先生のご厚意による）．

をすれば，発光の (n,m) 依存性を評価することも可能であるが，振動子強度の実験が困難であり進展はあまりない [104,105]．

また基板上に 1 本ずつ置かれたナノチューブの場合には，顕微ラマンの光を基板上で走査する（光の位置を x,y 方向に移動する）ことで，共鳴条件を満たすナノチューブがどこにあるかを探すことができる [69]．光の直径（1 ミクロン）内に複数ナノチューブがあっても共鳴条件を満たすナノチューブが少ないので，特定の (n,m) を探すことができる．逆にナノチューブの密度が小さすぎると，共鳴条件を満たすラマン信号を見出すことは容易ではない[35]．

8.4.2　グラフェンのラマン分光☆☆☆

ナノチューブでは状態密度の発散するファンホーブ特異点での共鳴ラマン信号で (n,m) を同定したが，グラフェンには状態密度の発散するところがないので，すべてのレーザー波長でもラマンシグナルを得ることができる [84][36]．単

---

[35] 1 ヵ所のラマン測定を 10 秒ぐらいで信号が出ているかどうか見切りをつけたとしても，共鳴条件を満たすナノチューブを見つける確率は低い．共同研究者によると一辺が 0.1 mm の正方形の領域を丸 1 日かけて探しても，3 つしかシグナルがないということがある．良い実験結果には莫大な労力がみえるものである．

[36] すべての場合で共鳴ラマン分光であるが，共鳴条件を満たす波数での状態密度が小さいのでナノチューブのように特別強い強度を得るわけではない．

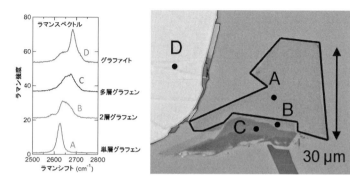

図 8.7 (左) G' (2D) バンドのラマンスペクトル．顕微鏡の下で直径 1 μm 程度のレーザー光を試料のいろいろなところに当ててラマンスペクトルを測定する．危険なので目で観測するときはレーザー光は出ない仕組みになっている．(右) 測定に使用した試料．光学顕微鏡像，像の濃さで層数が評価できる．A:単層グラフェン，B:2 層グラフェン，C:複数層グラフェン,D:グラファイト（東京大学生産技術研究所町田友樹先生のご厚意による）．

層グラフェンの場合には，G バンドと G' バンドが観測されるが，G' バンドのスペクトル幅が他のナノカーボンに比べて細く，G バンドより強度が大きいのが特徴である [95]．これは，グラフェンの G' バンドの 2 重共鳴条件を満たす q が限定されているからである．これに対し多層グラフェン場合には，面間の相互作用によって，π バンドが分裂することによって 2 重共鳴条件を満たす波数が増える [106]．この場合 G' バンドのスペクトルは広がる．これに対し G バンドの強度はおおよそ層数に比例するので，G バンドと G' バンドの相対強度が層数の増加に伴って大きくなる．

多層グラフェンの層数は，さまざまな方法で測定できる．(1) G バンドの強度（層数に比例），(2) G' バンドのスペクトルの幅（または形）(3) G/G' の相対強度，などがよく使われる方法である．この他には，M バンド（1750 cm^{-1} 付近の微弱なラマン信号）の振動数が層数に比例して変化することなどが知られていて [107]，10 層ぐらいまではラマン分光ではかることができる．2～3 層ぐらいであれば，ラマン分光を使わなくても，光学顕微鏡で見える濃淡で層数を観測できるが，肉眼での識別は 4～5 層ぐらいまでしかできない [23]．

D バンドや D' バンド（1620 cm^{-1} 付近の微弱なラマン信号）と G バンドの強度比はグラフェンの欠陥の量に関する情報を与えてくれる．D バンドは谷間散乱に関係しているので短距離の欠陥（結晶端，点欠陥）の情報を与えてくれ

るのに対し，D′ バンドは谷内散乱に関係しているので長距離の欠陥（表面についたイオンなど）の情報を与えてくれる [87]．しかし欠陥の形とラマンスペクトルの関係を詳細に調べた研究はあまり無い．

2層グラフェンの中で，2つの層がある角度 θ 回転して積層される構造は CVD 合成のサンプルによく見られる．角度は $0°$〜$60°$ まで自由に取ることができる．このような 2 層グラフェンを tBLG（twisted bilayer graphene，ひねった 2 層グラフェン）と呼ぶ（図 3.6(c)）．この tBLG の場合には，層間相互作用によって各層の K 点（k 空間で θ だけずれている）からの 2 つの π バンドが交差するところで，2 つのバンドがはねて小さなエネルギーギャップができ，平らなエネルギー分散が起きる [27]．これが状態密度の発散をもたらすので，θ に依存した特定の E_{laser} での共鳴ラマン分光が観測される．ここから θ を決定することが可能である．tBLG の単位胞はひし形をしていて，その 1 辺はナノチューブのように (n,m) の 2 つの整数で表すことができ，tBLG のいろいろな物性を (n,m) の関数として表すことができる [28][37]．

3 層グラフェンは ABA と ABC と 2 種類の積層構造がある．ABA は，グラファイト単結晶の AB 積層（ベルナー構造ともいう）の構造のうち 3 層を抜き出した構造をしている．ABC では，(A と B) また (B と C) は AB 積層であるが，A と C が同じ位置ではないように積み重ねたものである（図 3.6(a), (b)）．この違いをラマン分光で測定するのは不可能であると考えられていた[38]が，電子状態が層間の相互作用で比較的大きく変化することを利用して前述した M バンドの特定の光のエネルギー（$2.33\,\mathrm{eV}$）に対するスペクトルの形状の差で判定できることが見出されている [26]．さらに，試料にゲート電極をつけてフェルミエネルギーを変化させながらラマン分光を測定する手法[39]も使われ，物質中の励起の詳細を理解できるようになった [109]．

グラフェンやナノチューブのラマン分光は，簡単な試料評価の測定に広く使

---

[37] tBLG の場合には，モアレ模様という 2 つのグラフェン層の構造が干渉したパターンが，電子顕微鏡や STM で観察される．このモアレの周期は tBLG の単位胞ではなく，単位胞の大きさに比べて小さいか等しいことが知られている [27]．モアレの周期は結晶としては正確に周期的では無いことがおもしろい．共鳴ラマン分光の共鳴条件は，単位胞の周期ではなくこのモアレの周期と関係している．

[38] 層間の相互作用はフォノンの振動数を $1\,\mathrm{cm}^{-1}$ しか変化させないので，異なる積層構造を区別するのは無理であろうと考えられていた．

[39] Gate modulated Raman spectroscopy と呼ぶ．最新の研究では，この方法を使ってナノチューブのラマン分光における量子干渉効果を実験および理論で説明できた [108]．

われるだけでなく，いろいろな物理の測定に使うことができる．さらに興味をもった読者は，図書3を読まれることをお勧めする．

―――――― ティータイム 11 ――――――

著者は，MIT（マサチューセッツ工科大学）の Mildred S. Dresselhaus 先生（以下ミリー先生），Gene Dresselhaus 先生（ジーン先生）ご夫妻と 25 年近く共同研究をしている．1991〜2 年に在外研究という制度で MIT に行き研究することができた．そのとき論文書いたのがナノチューブの理論の結果である．それ以来，ほぼ毎年夏休みに MIT に出稼ぎと称して，共同研究を続けてきた．とくに 1999 年ぐらいから，ラマン分光に関する研究に関わっている．著者の研究スタイルや，英語などは両先生から学び非常に多くの成果を出した．共同研究が有効に働いた方法として時差を使った論文作成がある．著者が論文や本の原稿を書いて日本の夕方に送ると，MIT の朝にジーン先生が原稿受け取る，著者が寝ている間に論文がミリー先生が添削し，翌朝には真っ赤に添削された論文がジーン先生によって送られてくる．これを繰り返すのだ．この方法は忙しいからと言って翌日の夕方送っては意味がない．論文を作成するスピードが 2 倍にならないからである．どんなに忙しくても必ずその日のうちに作業するのが我々のルールであった．この方法は，この原稿を書いている 2014 年も続けられている．ミリー先生 84 才，ジーン先生 85 才であるから驚異的である．

―――― ティータイム 12 ――――

著者は，現在56才である．若いころは，56才という年は孫がいて，定年間近の初老という感じがしたものであるが，実際この年になってみるとあまり若いときと変わらない．定年も延びたので，後9年間，大学にいることができる．さすがに，全力疾走とかはしないが，水泳で1kmぐらいゆっくり泳いだり，自転車に乗ったり，スキーやハイキングをしたり，家庭菜園で庭仕事をしたり，町内の卓球クラブに通ったりしている．この町内の卓球クラブには80才台の現役もいて，そういう方が非常に敏捷に動いてボールをパシっと打つのを見ると，私もそうなりたいものであると思う．この他にも，脳の活性化のために中国語や囲碁などもTVなどを見ながら長く続けている．震災後から，ウクレレも始めた．いずれも上達はまったくしていない．どうやら著者は，単に健康オタクのようである．

健康管理は，年をとるにつれより重要になってくる．一見は健康そうにみえても体や精神の健康状態を損ねることを続けていると，ストレスや疲労がたまり，ある閾（しきい）値をこえると病気となって現れる．病気になる前に自分の状況を把握して，病気になる閾値から十分余裕をもって離れた高い健康状態を維持する必要がある．大学生の中には，カップ麺と水で1週間すごしたとか，朝起きてまず最初にスマホを見るとか，どう考えても健康的であるとは言えない例を垣間見る．若いときは，多少無理をしても病気にまでなることはないが，体に大きなダメージを与えていると感じることが少なくない．努力と無理は別物であり，**努力するために無理をしないのが肝心であるように思う．**

著者が考慮する健康の一部に，脳神経系がある．大学で研究をしていると，どうしても脳や神経の偏った使い方をしているのではないかと気になるときがある．脳の仕組みを考えると，脳全体をバランスよく使う方が精神状態の安定性や，自分ではコントロールできない自律神経系の健全な動作に有効ではないかと勝手に思っている．特に，最近この自律神経系の仕組みにオタク的興味を持っていて，内臓の動きやホルモンの分泌を正常に保つことが健康を高いレベルで維持する上で必須であるように感じている．自分でコントロールできない仕組みを健全に状態に保つ方法について，ここでは紹介しない（著者は専門家でない）．しかし庭の畑の昆虫や植物をみていると，(生命力) = (自律神経系の健全さ) と感じてならない．

第9章 未来への課題★★

　本章では，炭素の科学の歴史を振り返り，現在のナノカーボンの物理・科学の最前線が何であるか，どういう意味を持つかを考える．さらに未来の科学技術は何か，実現に必要な革命的技術ブレークスルーは何か，についても著者の独断で紹介する．

9.1　科学の成果のもつ意味★

　科学の成果が，過去，現在，未来に対して，それぞれどういう意味を持つか考えることは重要である[1]．今日の成果が過去に対してどういう意味（問題の源流）を持つかは，歴史を振り返ることによって**今日の視点で考えることができる**．また未来に対しての意味は，今日の成果の延長に何があるか（波及効果）として指摘することができる．波及効果の大きいほど，科学の成果の重要性が高い．

　現在の科学の成果が，現在の科学に対して与える意味は，最前線の科学者にとって，とても重要である．成果がどういう意味を持つか，どういう新たな問題に展開するかを理解することは，思っているほど容易ではない．成果を出した研究者自身も自分の結果の隠れた重大な意味を理解していない場合も少なく

---

[1] 大学までの授業では，科学は与えられた知識として提供される．多く深く勉強することは大事である．大学院で答えのない科学の課題が与えられたときに，それをどうやって解くかは，自分の持っている知識を使うしかない．過去に似たような目的・方法を知っていれば使うことができる．そのために単に知識ではなく過去になぜ，またどう考えたかを知ることが必要である．さらに独立した研究者になると，どういう問題が重要であるか判断することが必要である．

図 9.1 ポールゴーギャン『我々はどこからきたのか，我々は何者か，我々はどこへいくのか』．ゴーギャンが苦悩して得た疑問は，科学に対しての疑問として普遍的に当てはまる (http://commons.wikimedia.org/wiki/File:Woher_kommen_wir_Wer_sind_wir_Wohin_gehen_wir.jpg)．

ない[2]．成果から新たな重要な問題を見出すことは，研究者としてのチャンスである[3]．1 人の科学者によって提示された問題が，他の多くの物理学の研究者の興味を引くものであれば，その問題に対し多くの人が集まり詳細な研究がなされ，物理学の最前線になるのである．以下に，過去，今日，未来を考えながら，最前線になるようなテーマを紹介する．

図 9.1 は，ポールゴーギャンが平和な島（タヒチ）の人々の営みを見て，自分の精神的な苦悩を表現した作品であると言われている．著者は作品の詳細を知らないが，この絵のタイトル『我々はどこからきたのか，我々は何者か，我々はどこへいくのか』は科学の本質的な質問そのものであるといってよい．

9.2 炭素を研究する分野の合流と分化 ★

第 2 章でも話したが，現在への最前線に話をつなぐために，炭素の歴史を再

---

[2] DNA の 2 重らせんの発見では，ワトソンとクリックより前に DNA の X 線写真を撮影した女性研究者（ロザリンド・フランクリン）がいて，彼女は写真の重大の意味がわからないまま，DNA の X 線写真の情報が流出してしまった（図書 42）．

[3] もし読者が 2.4.4 項に示したように巨人の肩に乗っていれば，巨人は結果の重要性を誰よりも早く見出してくれるかもしれない．私が，ナノチューブが金属にも半導体にもなる話を 1991 年 10 月の MIT の研究室のセミナーで話したときに，いつになく大きな声で『論文にすべきだ』といったのは Gene Dresselhaus 教授であった．あまり大きな声を出すことがない先生の反応に驚いたことを記憶している．

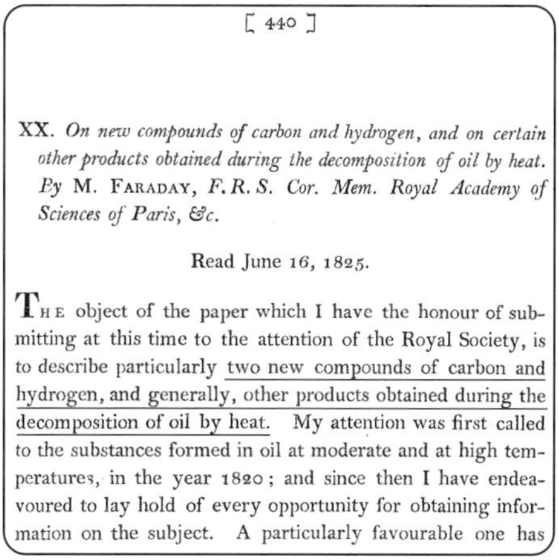

9.2 炭素を研究する分野の合流と分化★

> [440]
>
> XX. *On new compounds of carbon and hydrogen, and on certain other products obtained during the decomposition of oil by heat.* By M. FARADAY, F.R.S. Cor. Mem. Royal Academy of Sciences of Paris, &c.
>
> Read June 16, 1825.
>
> THE object of the paper which I have the honour of submitting at this time to the attention of the Royal Society, is to describe particularly two new compounds of carbon and hydrogen, and generally, other products obtained during the decomposition of oil by heat. My attention was first called to the substances formed in oil at moderate and at high temperatures, in the year 1820; and since then I have endeavoured to lay hold of every opportunity for obtaining information on the subject. A particularly favourable one has

図 9.2　1825 年ファラデーによるベンゼンの発見の論文．冒頭でファラデーは『今回光栄にも王立協会に投稿する本論文の目的は，油を熱で分解して得られる物質の中で，特に炭素と水素からなる 2 つの新しい化合物について記述することである．』（著者意訳）と述べている．M. Faraday, Phil. Trans. Roy. Soc. of London, 115, (1825) 440. この論文は東北大学図書館から Web を通じてダウンロードできた．

度振り返ってみたい．炭素を研究する分野は，1950 年代からグラファイトやアモルファスカーボン，炭素繊維を扱う炭素材料科学があり，材料科学は工業界で炭素産業（炭素繊維，Li イオン電池）の基盤を作った[4]．一方 1950 年代には，グラファイトの電子状態に関する物理の基礎的な論文が発表され [72]，エネルギーバンド（第 6 章）や軌道反磁性（7.3 節）など今日のグラフェン物理の議論となる理論的基礎が確立した．この基礎研究は，20 年後のカーボンファイバー（図書 32），30 年後のグラファイト層間化合物（GIC）[110]，40 年後のカーボンナノチューブ [7]，50 年後のグラフェン [23] の研究に直接つながる研究の本流といえるものである．これらの歴史は，1980 年代人工的物質の合成方法や 1990 年代ナノテクノロジーの測定方法の発展によって作られたといってよい．

9.2.1　炭素材料と化学★

物理の歴史と違う源流が化学にあり，その源流は 1825 年ファラデーによる

---

[4] もっと遡れば 1841 年にグラファイトを硫酸と硝酸混合溶液の中に入れると吸収し 2 倍ぐらい膨張するという論文がある（J. Prakt. Chem. 21, 129 (1841)）．

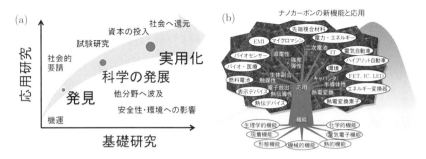

図 9.3 (a) 研究は基礎研究を横軸，応用研究を縦軸として，2 次元的に広がる．(b) ナノカーボンのもたらした新機能は多種他分野にわたる応用の可能性をもたらした．炭素を研究する分野の発展と分化は，研究の進め方に革新的な方法が必要になってくる（(b) は信州大学遠藤守信先生のご厚意による）．

ベンゼンの発見（図 9.2）である．その後炭素の環状物質の合成，有機化学の発展，1920 年代の分子軌道計算法の発展[5]，1970 年大澤の C_{60} の予想 [4] を経て 1985 年クロトーの C_{60} の発見 [1] につながるフラーレンの歴史である．

1990 年代からナノカーボン（フラーレン，ナノチューブ，グラフェン）を扱う基礎研究に関して，あまり相互の交流が無かった物理，化学，材料科学の歴史的な流れがお互いに混じり合い大きな流れとなる．この大きな流れの合流が，新たな多彩な基礎研究や応用研究を生み出した．基礎研究を縦軸，応用研究を横軸とすると，研究の 2 次元的な広がりが時間の流れとともに拡大したのである（図 9.3(a)）．

この大きな流れになる前に，物理学では炭素材料に大きな興味を持たれることはなかった[6]．その理由は，グラファイトは単に 1 つの固体物質であり，現象の普遍的な概念を構築する物理学の研究と必ずしもあわないこと，また炭素材料でよい結晶が簡単に得られなかったので固体物理学で議論するような理論がよく成り立つような綺麗な結果が得にくかったことであった．もちろん材料としては，たとえ結晶性が悪くても炭素には他の材料に置き換えることができない工業的に優れた特質が多くあるので（第 1 章），材料科学としての研究は広く行われ，市場の製品として古く使われていた（図書 30）．

[5) 日本では，ノーベル化学賞を受賞した京大の福井や，東大の赤松・井口が炭素化学の草分けである．
[6) 先駆的な物理学の研究者として東北大の森田（1949），東大の植村（1958）がグラファイトに関する日本の理論物理の草分けである．著者は植村先生の孫弟子になる．

9.2.2 ナノカーボンと固体物理学☆

物理学が炭素に大きく関わってくるのは，1990年のフラーレンの大量合成 [32] によって C_{60} の分子性固体（結晶）ができてからである．結晶ができると，電子状態が直ちに計算され，1991年斎藤（晋）は C_{60} 固体が半導体であることを示した [111]．また1991年谷垣は C_{60} 固体にアルカリ金属をドープすると超伝導が起こり，超伝導転移温度で 30K を越える [58] など，一気に固体物理学の研究が最前線となった．さらに1991年の飯島のナノチューブの発見 [6]，著者他らの理論的計算 [9–12] から，1次元固体としてのナノチューブの固体物理学が，従来の固体物理学と独自に展開する．ナノチューブに関する理論の結果は，ナノチューブの驚異的な性能を示したものであり，研究を進める大きな原動力となったが，当時ナノチューブ合成が著しく困難であり，初期の研究の進展する速度は必ずしも早いものではなかった．

1996年にナノチューブ大量合成 [30] が可能となり，得られたナノチューブ1本を分離し1999年デッカーらがナノチューブの半導体物性を [112] また，2001年ジョリオらが単一のナノチューブのラマン分光を [69] を発表し，ナノチューブの立体構造に依存した，固体物性を観測することに成功した．これらの先駆的な研究は，ナノチューブ研究を大きく加速するものとなる．

それまでの固体物性といえば，1960〜90年に展開したシリコンを中心とした半導体物理学であった[7]．究極に高品質な半導体結晶を用いて多くの量子効果が発見された．例えば CMOS トランジスター，量子ホール効果 [16]，量子井戸，半導体レーザ，アハロノフボーム効果，トンネル効果など今日の IT（情報技術）に欠かせない現象が物理学の最前線となった．半導体物理の進歩は半導体産業のたゆまぬ成長を生み，それによって得られた膨大な開発資金によって技術を一気にナノメートルの大きさをコントロールする技術（ナノテク）に発展した[8]．このナノテクの進歩は，ナノチューブの物理の観測にはかかせないものであった．

半導体物理学で多くの成果をあげてきた安藤恒也は，半導体物理の知識（光吸収，電気伝導，アハロノフボーム効果，後方散乱理論，励起子）をカーボンナノ

---

[7] もちろん自由電子論を用いた金属の固体物理も固体物性の重要なテーマであった．
[8] ナノチューブの初期の研究が多く日本によってなされ，またヨーロッパではナノチューブ1本の物性を測定できる技術を持っていたので，2001年危機感をもった米国大統領のクリントンはナノテクを国家的戦略研究目標とした．これは，世界全体をナノテクに向ける大きな流れになった．

チューブの固体物理学に次々と導入した（図書36）[113]．カーボンナノチューブの固体物理学は従来の固体物理学の教科書に書かれているものとはまったく別のものであり，計算すると驚きの結果を得るものが多かった（図書19）．その理由は，ナノチューブが1次元物質，ナノメートルの円筒形物質，などがあるが，一番本質的な理由は，第7章であげたディラックコーンの電子状態によるものである．したがって，現在までのナノチューブやグラフェンの物理の最前線は，ディラックコーンの電子の振る舞いから導かれた物理と言ってよく，現在から近未来にかけても研究の最前線はディラックコーンの電子の振る舞いをどれだけ深く理解して利用するかという点にある，と断言できる．9.3節はこの物理学の最前線のテーマを紹介する．

9.2.3 固体物理から他の分野へ展開☆

その前に，物理以外の広い分野への分化も見てみよう（図9.3(b)）．基礎研究の扱うテーマは，(1) ナノカーボンにおける量子的な物性の探索や(2) 合成方法の改良（材料科学）や半導体プロセス技術の開発など工学的な研究，さらには(3) 生体や環境への影響を調べる生物的研究などがある．とくに(3)は応用の立場からの要請で，新たな基礎研究が発生した例である．このように炭素を研究する分野は，基礎と応用を2次元的に（図9.3(a)），科学の多分野において分化した．

研究分野の分化とは，言葉も知識も違う研究者が実は同じナノカーボンを研究することである[9]．当然のことながら，せっかく合流した大きな分野内相互のコミュニケーションが難しくなる．従来の分野から見れば，極めて当たり前のようなことを別の分野で『発見』する場合も起こりうる[10]．また逆に良い例として，異なる分野で当たり前のように使われていることが，ナノカーボンの

[9) 例えば日本の伝統食である寿司が，sushi として世界中に広がり，アメリカではアボガドを巻いたカリフォルニアロールや，タジキスタンでは川魚をご飯なしで海苔巻いたものまで，既成の概念を越えた寿司が全世界で作られる，といった様相に似ている．

10) 日本のインターネット上でコーラと牛乳を半々に混ぜるとおいしい，というのが発見されたことのように書いているが，インドネシアのジャカルタでは『曇り空（Mega Mendung メガムンドゥン）』というインドネシアの人なら誰でも知っている人気の飲み物だったりする．著者も飲んでみたが意外とおいしい．大発見が幻の発見になる場合も少なくない．ひどい場合には既知の発見がそのまま新発見として別の分野で賞をもらうこともある．

分野で革新的な技術になる場合もある[11]．分野の合流による拡大は，研究の進化の過程としてやむを得ないのかもしれない[12]．

このように歴史的にみてナノカーボン分野は，科学全体を巻き込んで合流し，また新たな分化をもたらしてきた．本書は，非常に大きな分野の科学を説明してきたが以下は少し物理に絞って，著者が選んだ物理学の最前線をかいつまんで紹介したい．

9.3　ナノチューブ・グラフェンでのディラック粒子★★★

第6章では，ナノチューブが立体構造に応じて金属にも半導体になることを示した．また第7章では，グラフェンの電子状態がディラックコーンの形をしているため，電子の有効質量もエネルギーギャップが0であり，大きな軌道反磁性になることを示した．これらはナノチューブ・グラフェン固有の物理現象であり，エネルギーバンドがフェルミエネルギーで波数に比例する線形分散によるものである．この線形分散は，質量0のディラック方程式（ワイル方程式）から得られるもので，この線形分散に従う電子をディラック粒子と呼ぶ[13]．

ディラック粒子固有の現象を研究し応用するには，試料に電極をつけ，デバ

---

[11] 4.3節でも紹介したが，異分野（分化）交流は得るものが多い．行き詰まったら異分野との交流が突破口になることが少なくない．他の分野にまたをかけ問題を説明できることができる研究者は有利である．

[12] 非効率な研究環境だと嘆くのでなく，新しい技術革新の道につなげるための手立てと考えたい．それが，未来への大きな課題を生む原動力になる．分野間の距離を縮める手立ての1つは，インターネットのように距離を感じさせない知識の共有化であろう．また，革新的な人どうしの交流方法の発明も必要であろう．どの分野でも同じであるが，1つの分野が急速に成長すると専門の細分化が起こる．それは，大きな木が枝を広げ成長する状況と同じである．まわりの木との関係も考えて，どの枝を伸ばすか判断し，適切な枝を剪定することが健全な木の成長に必須である．研究者にとって自分の枝を切り落とされたくはないわけであるが，成長の状況や国の科学政策などによって重点的に伸ばす部分があるのはやむを得ないことである．切り落とされた枝も，大地を通じて別の枝の成長に参加するなど，分化が有効に統合されなければならない．どの枝を残すかの判断は，科学政策における重大な問題である．政策の成否は，多くの意見の統合と統合を可能にする革新的アイデアが必要である．1つの枝のアイデアがどんなに優れていても，その枝に重点を置き過ぎて他の枝を切りすぎると，木全体の活力ななくなり死滅することもあるから，常に全体のバランスを考える必要がある．木の安定した成長は，木のもつ生命力と木を管理する人間の共同作業である．科学と政治や社会との関係に似ている．

[13] ディラック方程式（ワイル方程式）の導出は，有効質量近似，またはタイトバインディング法で得ることができる（図書36）[113]．通常のエネルギー分散は，波数の2乗

表 9.1　ナノチューブ・グラフェンの電子の持つ自由度

名前	自由度	観測方法（効果）	偏極の仕方
電荷	π^* or π	電流測定	ゲート電極
スピン	上 or 下向き	磁気抵抗	外部磁場
擬スピン	A or B サイト	エッジ電流	ジグザグエッジ構造
バレースピン	K or K' 点	界面での散乱	1層と2層の界面

イス（素子）として信号を観測する必要がある[14]．ここで観測する信号とは，電流（電荷），電子のスピン，擬スピン（7.6節），バレースピン（7.7節）である．ナノメートルの大きさでは，これらの信号は量子力学に従い伝わるので，この信号の伝わり方を量子輸送特性と呼ぶ．上で示した4つの量（電荷，スピン，擬スピン，バレースピン）は電子の運動に関係し，電子が持っている自由度ということができる[15]．

　表 9.1 に，4つの自由度と観測方法，偏極の仕方[16]をまとめてみた．電荷の自由度は，ゲート電極によってフェルミエネルギーを変えることで，π バンド，π^* バンドに流れる電流を測定できる [114]．スピンは，外部磁場や隣接した強磁性体によってスピンを偏極し，もう1つの強磁性体の向きに平行か反平行かで電流の流れが大きく異なる効果（磁気抵抗効果）で観測できる [115]（図書5）．これらの測定は，ナノチューブ1本で行うのは難しいが，1999年に塚越がナノチューブの磁気抵抗効果を観測した [116]．グラフェンでは，クライントンネル効果（7.4節）があるので，ゲート電極をかけてフェルミエネルギーを変えても，電流を制御することができないので，電子をこの方法で閉じ込めることができないという本質的な問題がある[17]．

　に比例する項がありそれに対する有効質量近似は，ポテンシャル中を運動する1粒子の運動として記述される．

[14] 試料に探針をつけたり電極をつけたりして試料からの信号を観測する手法を接触型観測という．これに対し，光を当てて散乱光を観測するように接触しない観測方法もあり，非接触型観測という．例えばラマン分光は非接触型の観測である．

[15] 電子の電荷は変化できないが，ホール（電子がいないところ，水中の泡のようなもの，正孔という）の運動を考えれば，$\pm e$ の2つがある．これは，電流が π^* バンドか π バンドのどちらが担うかという自由度があると考えることができる．

[16] それぞれの自由度で2つの選択肢のうち1つに揃えることを偏極と呼ぶ．

[17] 電子を空間に閉じ込めた系を量子ドットという．通常の半導体の場合は，電極を複数配置して量子ドットを作ることができ，量子ドットに電子を1個，2個，3個とゲート電極を変化させることで入れることができるが，グラフェンの場合電子を電極で閉じ込めることは，クライントンネル効果のためできない．したがって現在は，グラフェン自体を量子ドットの形に切り取るという方法が用いられている [117]．

9.3.1 クライントンネリングの特殊性☆☆

通常の 1 次元トンネル効果（図 7.4(b)）の量子力学の計算では（図書 4），(1) 領域を 1: $x < -a/2$, 2: $-a/2 < x < a/2$（トンネル障壁），3: $x > a/2$, の 3 つにわけ，(2) それぞれでシュレディンガー方程式を解き，$x < -a/2$ と $x > a/2$ では波として進行する波動関数 $\Psi_1 = \exp(ikx) + r\exp(-ikx)$, $\Psi_3 = t\exp(ikx)$ （r, t は反射および透過係数），$-a/2 < x < a/2$ では指数関数で減衰（増大）する波動関数 $\Psi_2 = p\exp(-\kappa x) + q\exp(\kappa x)$（$p, q$ は定数）を求め，(3) 未知数である波動関数の係数 t, r, p, q を，$x = \pm a/2$ でそれぞれ波動関数と波動関数の微分が等しいという 4 つの境界条件から，連立方程式を解いて求めることができる．(4) トンネル確率 T は $T = |t|^2$ で与えられる．

グラフェンの場合のトンネル効果 (図 7.4(a)) の場合，上記のトンネル効果は以下の点が特殊である．(1) トンネル障壁の部分の波動関数が指数関数で減衰する関数でなく，価電子帯の波動関数 (6.12), (7.2) が使われる．一方 1: $x < -a/2$, 3: $x > a/2$, での波動関数は伝導体の波動関数が使われる．(2) 波動関数は，7.6 節で示したように A, B 2 成分あるので，4 つの係数 t, r, p, q で A, B それぞれの成分に対し波動関数が連続という 4 つの境界条件が使うことができる．(3) この際，波動関数の微分が連続であるという境界条件は適用することはできない[18]．4 つの係数に対して，4 つの方程式があるので波動関数が連続という条件だけで問題を解くことができる．計算の詳細は，文献 [75] を参照すれば，物理学科の 4 年生なら（少し時間（2～3 日）がかかるが）結果を再現できる．

解析的な計算結果は，1 層のグラフェンであれば，トンネル障壁の高さによらず，障壁に垂直な方向に入射した電子はトンネル確率 $T = 1$ で透過する．これがクライントンネル効果である．一方，通常のトンネル効果の場合でも，入射電子の波数が $qa = n\pi$（n は整数）を満たすと $T = 1$ で透過する．これは共鳴トンネル効果といって，$x = -a/2$ と $x = a/2$ で反射する波が干渉して打ち消されることによって後方散乱が消失して起きる現象である（図書 4）．共鳴

---

[18] ☆☆☆量子力学である点 $x = b$ で波動関数の微分が連続であるという条件は，シュレディンガー方程式を $x = b$ を含む微小な領域 $b - \delta < x < b + \delta$ で一回積分し，δ を $+0$ の極限をとると得られる．波動関数やポテンシャルを含む積分が $x = b$ の 1 点で値を持たない限り，波動関数の微分が連続である．シュレディンガー方程式で波動関数の微分が連続で無い場合は，ポテンシャルがデルタ関数的な振る舞いをする場合である（図書 4）．グラフェンの場合には，波動関数の 2 回微分を含むシュレディンガー方程式ではなく，1 回微分しか含まないディラック方程式なので，上記の波動関数の微分が連続であるという議論が使えない．

トンネル効果は，$qa = n\pi$ を満たすようにトンネル障壁の高さと電子のエネルギーが選ばれる必要があるのに対して，クライントンネル効果はその必要が無い．グラフェンの場合には共鳴トンネルとクライントンネルの両方が観測される [75][19]．

これに対し 2 層のグラフェンは，トンネル領域で価電子帯があるにもかかわらず $T = 1$ のクライントンネルは起きない．逆に障壁に垂直に入射する場合のトンネル確率が正反対の $T = 0$ になる [75]．これは，2 層のグラフェンのエネルギーバンドが波数の 2 乗に比例し放物線であるので質量があること，したがってシュレディンガー方程式の場合のように波動関数の微分の連続も必要であり，またトンネル障壁中の価電子帯の波動関数の波数が通常のトンネル効果のように虚数（指数関数的に減衰する関数）になることで説明されている．

このようにグラフェンのトンネル効果は，従来の量子力学の常識を超えた興味深い結果を与えた．さらに，1 層と 2 層を複合したトンネル障壁や，さらに 2 層の積層や界面の原子の並びを変えた系，さらには MoS_2 などの半導体原子層でのトンネル効果など非常に多くの可能な状況について理論的に検討されている．これらの目指すものは，(1) ゲート電圧で電子の量子閉じ込めをグラフェンで実現すること，(2) グラフェンの FET 特性を高移動度で実現する方法などである．

9.3.2 擬スピンを操作する☆☆☆

7.6 節で，グラフェンの波動関数は A, B の 2 成分あり，その 2 成分の波動関数は，波数 (k) 空間で電子のスピンのような振る舞いをするので擬スピンと呼ぶことなどを説明した．擬スピンの向きを電子のスピンと同じように観測可能であれば，擬スピンの伝導（擬スピン流）を観測できる．擬スピンを用いたデバイスを目指す研究を，擬スピントロニクス（pseudospintronics）と呼ぶ[20] [118]．擬スピントロニクスは，同じく線形分散をもつトポロジカル絶縁体物質でも議論されている [118]．

擬スピンは，ジグザグ型したエッジ構造に局在するエッジ状態 [19] で偏極することが知られていて，若林はこのエッジ状態に関係する電気伝導度が完全透

---

[19] 共鳴トンネル効果は，障壁に対してある角度をつけて入射する場合に起こる．
[20] 電子の電荷を用いたデバイスをエレクトロニクス，電子スピンを用いたデバイスをスピントロニクスと呼ばれ多くの研究がされてきた発展と考えることができる．

過チャンネル[21]を含む [119] ことが理論的に示した．しかし実験的には，擬スピンの輸送特性を観測した例は無い．擬スピンをコントロールし，観測する実験的な手法の確立を目指して多くの実験が検討されている．

輸送特性では実験が難しい擬スピンであるが，7.6 節で示したように佐々木は擬スピンに対応する擬磁場が格子変形に対応することや，ラマン分光で電子格子相互作用が擬スピンと擬磁場との相互作用として扱うことができることなどを示し，ラマン分光の理論でいろいろな有用な議論ができている [120]．擬スピンは，グラフェンの物理を理解する上では十分確立された概念であるといえる．

擬スピンの操作は，グラフェンの単位胞中の A, B 原子の対称性を破る格子変形もしくは，対称性を破る結晶格子への伝導で実現できることが予想される．探針などによる 10 nm の大きさの変形でも，A と B 原子の変形は等価であり，擬スピンの操作をすることはできない．光学フォノンのような A と B 原子が逆方向に動くような変形が局所的にできるとよい[22]．またグラフェン多結晶で構成する単結晶が接する部分は，A, B 原子の対称性が壊れているので擬スピンの操作が可能であるが，実験的に制御した構造を作るのは至難の技のように思われる．

9.3.3　プラズモニクス☆☆☆

グラフェンは，金属であり自由電子が存在するから，電子の集団運動であるプラズモンと呼ばれるプラズマ振動の素励起が存在する．3 次元の金属物質のプラズモンのエネルギー分散関係 $\omega(q)$ は，波数 $q=0$ 付近で定数であり，およそ 10 eV のエネルギーをもつ．2 次元の金属であるグラフェンの $\omega(q)$ は，波数 $q=0$ 付近で $\sqrt{q}$ に比例し，$q=0$ で $\omega(0)=0$ である．プラズモンは，プラズマ振動の波が進行する方向に平行な方向に電場の振動を与えることによって発生する．1 meV のプラズモンの振動数はおよそ 10^{12} Hz = 1 THz（テラヘルツ）であるから，非常に高い振動数の電場を発生させることができる．この高い振動数を回路の信号処理に利用できれば，高速に動作するデバイスができることが期待できる．プラズモンを利用する科学技術をプラズモニクスと呼ぶ．

---

[21] 散乱体があっても透過確率 1 で透過する状態．チャンネルは伝導に関与するエネルギーバンドのことである．
[22] 著者が想像できるのは，10 fs ぐらいの短い光パルスを用いて，光学フォノンを励起するコヒーレントフォノン分光の技術 [121] が使えるのではないかと思っている．

第 9 章 未来への課題★★

グラフェンの π 電子は，π バンドをすべて占有しているのでプラズモンを励起するには，π^* バンドへの励起が必要である．このようなバンド間励起を伴うプラズモンを，バンド間プラズモン（interband plasmon）と呼ぶ．この際，π バンドから π^* バンドへの励起として，電子が 1 個励起する 1 粒子励起も存在する[23]．第 8 章で説明したラマン分光や，光吸収は 1 粒子励起が関係している．同じ波数でバンド間プラズモンと 1 粒子励起が同じエネルギーの場合には，プラズモン（プラズマ波）は 1 粒子励起にエネルギーが取られ波の進行とともに減衰する（ランダウ減衰）．したがってグラフェンのバンド間プラズモンが観測されるには，フェルミエネルギーがディラック点からずれているドープしたグラフェンである必要がある[24]．

光（フォトン）は，電磁波であり電場が光の進行方向に垂直な横波である．これに対しプラズモンは電場がプラズモンの進行方向に平行な縦波である．したがって特殊な状況[25]以外は，**プラズモンを光で励起することができない**．プラズモンは，電極を通じて交流電場をかけたり，加速した荷電粒子を物質中に注入することで励起することができる[26]．

グラフェン上の表面プラズモンの伝搬は，10 GHz ぐらいの交流電圧の信号を与え離れた電極で観測するということでプラズモンの群速度を測定することができる [122]．測定された群速度は 10^4 m/s ぐらいであり，分散関係で得られた結果より 2 桁ぐらい小さい値になっている．表面プラズモンの伝搬は，電磁波の TM モード[27]で記述でき，まわりの電極と静電容量 C やインダクタンス L

[23) 電子の励起には，光やフォノンを吸収して，1 個の電子が高いエネルギー状態に遷移する 1 粒子励起（single particle excitation）の他に，非常に多くの電子が集団で運動する状態に遷移する集団励起の 2 種類がある．なぜ，集団で運動するかというと，(1) 外からかかる振動する電場を遮蔽するために集団で動いて分極を作る，(2) 電子が集団で同じ位相で動くと，電子電子間のクーロン反発エネルギーを最小限にすることができる，などの理由があり，集団運動モードがエネルギー的に有利であるからである．
24) 例えば電子がドープした状態であれば，フェルミエネルギーのエネルギーまでは終状態が占有されているので，1 粒子励起は起きない．
25) 表面プラズモン共鳴という言葉で検索可能である．光が全反射するような状況において，反射面付近に発生する減衰する電磁場が表面に平行であるという事実を使って，表面に伝搬する表面プラズモンを光で発生させることができる．
26) 電子エネルギー損失分光（electron energy-loss spectroscopy, EELS）で検索可能である．入射した電子は，プラズモンを励起することでエネルギーを失うのでプラズモンのエネルギーを直接観測できる．EELS は透過型電子顕微鏡（TEM）の装置に内蔵し，微小領域の元素分析や電子構造を調べるのに広く用いられている．
27) マイクロ波などの電磁波が，導波管のような金属の箱の中を進行するとき，磁場の成分が進行方向に垂直な TM モードと電場の成分が進行方向に垂直な TE モードの 2 種

で結合する高周波回路である．振動数が 1 GHz ぐらいだと，電子工学的な高周波回路の知識がそのまま用いることができるが，1 THz ぐらいになると量子効果を考慮した回路[28]を考えなければならず，技術的および理論的にも研究の大きな余地が残されている．高振動数動作の課題は，次の炭素でできた集積回路においても同じ問題が発生する．

9.4　オールカーボンデバイス（すべて炭素でできた集積回路）★★

　軽元素である炭素の最大の特徴は，電気を効率よく流すことができるということである．許容電流量は他の物質（例えば銅）に比べ 1000 倍も大きく，しかも高温でも動作する．またナノチューブやグラフェンは，ナノメートルの大きさで加工すると欠陥のまったくない構造になるので，究極の電流特性が期待できる．特にナノチューブは半導体と金属の両方の性質をもつという著しい特徴がある．グラフェンは，移動度が非常に高く高速に動作する．これらのナノカーボンの特徴は，集積回路に必要な条件を炭素の材料だけで満たすのである．そこで，電極，配線，素子など回路の部品をすべて炭素物質でできた集積回路（オールカーボン素子）を作る研究目標が設定できる．

　オールカーボン素子を作ることのメリットは，(1) 高温に耐えられる．(2) Si 基板でなく柔軟な基板上（布や皮膚でも可能）に作ることができる．(3) 金属電極をつかわない透明な回路ができる．(4) 異なる回路部品間の仕事関数[29]の差がない，(5) 究極の性能（電気伝導度など）をもつ，(6) 枯渇が心配ない価格の安い元素である，などがある．

　一方，オールカーボン素子の抱える課題は，(1) n 型，p 型を作るのが Si に比べて困難である．(2) 炭素は反応性が低いので，Si でできた化学的処理のプロセスが難しい．(3) ナノチューブやグラフェンの材料を大量に供給できていな

　　類がある．金属表面に進行方向に電流が流れる表面プラズモンは TM モードとして理解できる．
[28] 量子キャパシタンス C_q やカイネティックインダクタンス L_k と呼ばれる，エネルギーバンドに関係した量を新たに考慮する必要がある．
[29] 物質中で電流を担う電子のエネルギーは，真空の電子の状態から低い状態にある．真空の電子状態とのエネルギー差を仕事関数という．例えば光を当てて電子を物質から飛び出す効果（光電効果）を実現するには，光のエネルギーが仕事関数より大きいことが必要である．また 2 つの異なる物質を接合した界面では，2 つの物質の仕事関数の差に相当するエネルギー障壁ができる．これが，接触抵抗などの電気伝導に影響する．

136　第 9 章　未来への課題★★

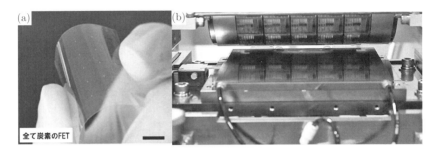

図 9.4　(a) すべて炭素でできた集積回路，透明でありわずかに回路が見える．(b) 回路はプラスチックに転写することでできる（名古屋大学大野雄高先生のご厚意による）．

い．(4) 素子が小さくなると電極との接触抵抗が大きくなる，などである．これらの課題は，現在では (1) 表面吸着型のドープ[30)]，(2) プラズマエッチング法[31)]，(3) 大量合成，精製法の開発，などが研究室レベルで解決している．(4) は半導体の微細化における本質的な問題であり，技術的に容易に解決できる問題でない．界面の原子層レベルの設計が必要になると考えられる．

　今後，大きなロードマップとしては，(1) すべて炭素材料でできた回路を作る．(2) 回路の集積度をあげるとともに動作周波数をあげる．(3) 高温に耐えられる柔軟で透明な基盤上に回路を作成する．などが挙げられる．(1) に関しては大野によってすでにプラスチック基盤上に作成できている（図 9.4）．ここで電気回路の中心となるトランジスターの部分は半導体ナノチューブの束，電極，回路がグラフェンまたはアモルファス（非晶質）の炭素である．半導体デバイスによる論理回路などができている．さらにナノチューブだけでコンピューターを作るという試みもある [123][32)]．

[30)] 通常 Si に不純物をドープするには，不純物をイオン化して電場で加速して打ち込む方法（イオン打ち込み）が使われる．ドープしたくないところには，マスクといって上から別の物質で被うことで隠せばよい．この場合イオンは原子と原子の間や原子がもとあった場所に置換して入るが，ナノチューブやグラフェンの場合には，原子と原子の間の隙間が小さく他の原子が入り込む余地が無い．このため，ドープしたい原子や分子をナノチューブやグラフェンの表面につけることでドープを実現できる．分子をドープする場合には，ベンゼン環を含む分子だとよく表面に吸着することなどが広く知られている．

[31)] 削りたくないところに，マスクをして，高温のプラズマ中にさらすと炭素が蒸発されて除去できる．マスクを薬品で溶かすことで，特定のパターンを作ることができる．

[32)] Shulaker らの論文 [123] には，従来の取り組みや，コンピューターを安定に動作させる仕組みが述べられていて興味深い．2014 年の国際会議で本人の発表を聞いたが，

図 9.4 の回路の動作性能や集積度は Si の半導体回路に遠く及ばない．Si の技術は 50 年以上の歴史があり，今日の IT 世界をリードしてきたので，この性能に追いつくのは容易ではない．しかし透明でどんな形にも柔軟にフィットする回路の開発は，Si では決してできない．大野は透明で柔軟な素子はすでに実現しているので，異なる用途で開発が進むことも期待できる．これから 30 年かけて Si の素子より性能の良いものができることを期待したい．

9.5 ナノチューブでできた太陽電池，発光デバイス★★★

半導体ナノチューブの重要な応用が，太陽電池や発光ダイオード（LED）などの光デバイスである．より専門的には，半導体レーザーやテラヘルツのデバイスの開発になる．

半導体カーボンナノチューブは，従来の半導体光デバイスの原理を用いて太陽電池や LED を作れるはずであるが，大きな問題として発光効率が低いことがある[33]．結晶性を下げると発光効率が上がるが，下げすぎると結晶の欠陥準位に励起子が緩和するので発光効率が下がる．2 つの相反する課題をうまく調整して，発光効率を 20%以上にあげたという報告がある [124]．しかし LED などに使われる発光効率が 90%ある現状には及ばない．今後この発光効率を高くする技術課題が設定できる．

Shulaker はまだ若く（大学院生），よい意味でオタクっぽく，非常に熱心に話していた．春秋に富む研究者が大きな夢をもって進むことは頼もしい限りである．

[33] ☆☆発光効率とは，フォトン 1 個を作るのにどれぐらいのエネルギーが消費されるかという問題である．白熱電球が蛍光灯に代わり，蛍光灯が LED 照明に代わった理由は，消費電力が低いからであり，発光効率が高いからである．ナノチューブにおいて発光効率が低い理由は，光を吸収したときに励起子（電子とホールが束縛した状態）ができるが，光を吸収してできた励起子（明励起子）が，発光しない励起子（暗励起子，ダークエキシトン）の状態に緩和してしまうからである [103]．ダークエキシトン状態はナノチューブの結晶の対称性に起因するものであり，結晶性が高いほど発光効率が低く（1%以下）なる．ナノチューブには，グラフェンの単位胞の A, B 副格子を交換する対称性がある．実際に任意の C-C 間のボンドの中心をとおりナノチューブの軸と垂直に交わる C_2 軸（180°回転）に関して，結晶構造は変化しないという対称操作ある．この C_2 の対称操作に対して，励起子の波動関数が (1) 符号を変える場合（明励起子）と (2) 符号を変えない場合（暗励起子）の 2 つの固有状態が存在することによる [102]．一般に符号を変えない暗励起子状態の方がエネルギーが低いので，明励起子から暗励起子状態への緩和が起こる．発光効率をあげるために，結晶性をあえて壊す試みもなされている．

ナノチューブは (n,m) に依存して発光波長が異なり（図 8.5），直径を変化させることで連続的に波長を変えることができる．ナノチューブのエネルギーギャップは赤外線から遠赤外線であり，従来この波長を測定する半導体技術は限られていた．ナノチューブの分離精製技術の進歩に伴って，さまざまな種類の (n,m) の LED を作ることができる．ナノチューブの精製に伴い，安価で赤外線から遠赤外線領域の通信に利用することが期待されている [125][34]．

光を吸収して電気エネルギーを取る太陽電池においても，半導体ナノチューブは利点がある．太陽のエネルギー吸収の極大の部分は赤外線の領域であり，ナノチューブの直径を変えることで，幅広い波長領域の光を含む太陽エネルギー全体を電気に変換することができる．また柔軟な素材上に太陽電池をつけることができるので，洋服の上に太陽電池をつけることも可能になる．実用上の課題として，ナノチューブの大量合成や精製が必要であり，太陽電池としての性能をあげ，ポリシリコンや他の材料による太陽電池に比べて遜色ない効率を得るようになるまでの改良が必要である．日本では丸山が 10% を越える効率のナノチューブ太陽電池を作っている．

一方グラフェンは，強い赤外線を出す物質（木炭など）として知られている．またグラフェンの電子は動きやすいので光に対して高い周波数で応答することが期待されている．現在，電子回路では $GHz = 10^9\,Hz$ の回路を作ることは可能であるが，それを 1000 倍早くしたテラヘルツ（$THz = 10^{12}\,Hz$）の回路になると，普通の物質中の電子では追従できない．グラフェンの電子のフェルミ速度が $10^6\,m/s$ であり 1 THz の周期 $10^{-12}\,sec$ をかけると $10^{-6}\,m$ すなわち 1 μm 動くことができる．したがって，素子の大きさを 10〜100 nm で設計できれば，追従した電気信号を出すことができる．つまり，グラフェン素子としてテラヘルツに追従することが課題として設定できる．現在の実験では 100 GHz ぐらいまで追従した，という報告がある [71]．技術的に困難な点は素子の部分だけでな

---

[34] saturable absober レーザー（可飽和吸収レーザー）がこの話でよく出てくる．可飽和吸収とは，光の吸収において，光を吸収しなくなる吸収飽和が起きることである．吸収飽和は，強い光のために電子の終状態がすでに占有することで起きる．強い光のパルスを可飽和吸収物質に入射すると，パルスの強度の弱い最初と最後は，物質は光を吸収するので光は物質を透過できない．パルスの強度が最大になるときに光の吸収飽和が起きて，光は物質を透過する．これによって，よりパルス時間幅の小さい透過パルスを作ることができる．時間的にパルス幅を小さくするには振動数では広く振動数を取る必要がある．モードロックレーザーは多くの振動数のフォトンの位相を揃えて短いパルスを作る技術によって作られる．

く，素子を取り巻く回路全体の抵抗や静電容量さらには取り巻く電磁場が動作特性に大きな影響を与えることであり，総合的な技術力が問われることになる．

9.6　原子層のサンドイッチ★★

グラフェンは他の物質が真似できない性質をもった原子層であるが，半導体として使うにはエネルギーギャップがないという本質的な課題がある．グラフェンの理想的な性質を得には1原子層だけが必要であるが，1原子層だけを真空中に張ったような構造だと室温では，面が大きく振動し究極の性能が得られない[35]．現在もっとも良い性能が出るグラフェンは，h-BN（六方窒化ホウ素）の平らな原子層の上に置いたグラフェンである．h-BN とグラフェンの面間の引力により，グラフェン面が理想的に平らになる．さらに理想的な環境にするために，グラフェン面の両面に h-BN を貼り付けた，サンドイッチ構造が提案されている [126]．上下対称な構造であり，グラフェンの理想的な電子状態が実現できる．

h-BN は，エネルギーギャップの大きな（3.5 eV）の半導体であるが，MoS_2，WS_2，$MoTe_2$ など，エネルギーギャップが比較的低い原子層半導体がある（遷移金属ダイカルコゲナイド，図 9.5）ので，これらをどのように積み重ねれば，どういう性能が出るかを理論的に予測し，実験的に検証する必要がある．考えられる積み重ね方の場合の数は無限にありアイデア勝負である．また実験的にも積み重ねる方法の開発という大きな課題がある．

例えば遷移金属ダイカルコゲナイドは，重い元素によってできているので，原子のスピン軌道相互作用が比較的大きいことが知られている．このためエネルギーバンドがスピン軌道相互作用によって分裂する．スピン軌道相互作用によって分裂したエネルギーバンドからの発光は円偏光になることが光の選択則からわかっている．岩佐らは WSe_2 を用いて，両極性電界効果トランジスターを作成し，電気的な操作で，円偏光の異なる光を発生させることに成功している [127]．

---

[35] グラフェンは，風呂敷のしわのように面に垂直な方向は非常に柔軟であり，100 K ぐらいの低温でも常に大きく振動している．この振動は電子の面内の運動に大きな影響を与える．

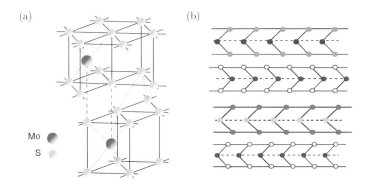

図 9.5 (a) MoS$_2$ 原子層は，遷移金属である Mo の層を 2 つのカルコゲンの元素 S の層がはさんでいる．このような物質を，遷移金属ダイカルコゲナイドと呼ぶ．遷移金属ダイカルコゲナイドの物質は半導体である．(b) いろいろな遷移金属ダイカルコゲナイド原子層を積み重ねたのサンドイッチ構造は，無限の種類が可能である．この中から有用な積み重ね方を理論的に予測し，実験で作ることが試みられている（埼玉大学上野啓司先生のご厚意による）．

ハンバーガーなら，パンにハンバーグをのせて，チーズをのせるか，トマトをのせるかというバリエーションだけであるが，原子層の場合には面に垂直な軸のまわりで層を回転して積層するという自由度がある．実際に 2 層のグラフェンをお互いにある角度分回転して積層した Twisted bilayer graphene (tBLG) が存在する（図 3.6(c)）．tBLG のフェルミ速度は回転角に依存して $0 \sim 10^6$ m/s まで大きく変調できるという理論的な予想がある [128]．tBLG では，ねじる角度を少し変化させることで非常に大きな単位胞を作ることができる．この大きな単位胞を持つ tBLG に垂直に磁場を加えると，磁場によってランダウ準位の位置が磁束量子[36]の周期関数になり，ホフスタッター・バタフライと呼ばれる綺麗なフラクタルなパターンが観測される．普通は単位胞に磁束量子 1 本を通す磁場とは 1000 T 以上の途方もない大きな磁場になるので，ホフスタッター・バタフライが実験で観測されることはないと思われていたが，結晶性の高い tBLG では，大きな単位胞を作り，しかも結晶全体で電子の波動性を維持できるので，ホフスタッター・バタフライを実験で観測することに成功している [129]．

またグラフェンの電子状態は，奇数層と偶数層で電子の性質が大きく変化す

[36) 磁束量子とは磁束の最小単位である．$h/2e = 2.07 \times 10^{-15}$ Wb．磁束量子は第二種超伝導体に磁場をかけたとき，電子顕微鏡で観測できる（図書 5）．

る [130] など，まだ予想できていない部分が多い[37]．

9.7 未来に展開する問題★★

最後に，ロードマップにものせることができないような，夢に近いような未解決問題を列挙して本書を閉じることにする．21世紀の初頭には，このような夢が語られていたという記録にしたい．

9.7.1 宇宙エレベーター★★

地球の自転と同じ周期で回る人工衛星を静止衛星と呼ぶ．静止衛星は24時間地上との電波の通信が可能で，衛星放送や通信に広く使われている．地上からみていつも同じ空の方向に保つために，地上3万6千kmの高さに衛星を維持する必要がある．3万6千kmの高さだと重力による円運動の周期がちょうど24時間になるからである．[38]

宇宙エレベーターとは，長さ約3万6千kmのナノチューブのケーブルにそってクライマーと名付けた乗り物が昇降するものである．クライマーから物資や人を運ぶと，太陽系の惑星探査などができる（図9.6）．エレベーターを建設するメリットは，(1) 宇宙に，大量の物資を運ぶことができる．従来のロケットによる運搬より重さあたりのコストを大幅に削減できる．(2) 太陽系の惑星や衛星に行く探査機もある高さまでクライマーで運べば，地球の重力から逃れるための燃料を節約することができる．(3) 逆に月などから採取した物質を地球に輸送できる，など宇宙基地の実現に近づく．

ナノチューブは軽くて，強度が大きいのでこの宇宙エレベータのケーブルとし

---

[37] ダブルチーズバーガーとチーズバーガーがまったく異なる味になることはないのとは違う状況である．酸素原子 (O)，酸素分子 (O_2)，オゾン (O_3) がまったく異なる性質を持つのと同じように，原子の世界では1, 2, 3個から無限大の結晶まで起こる現象が異なるのである．これを，P. W. Anderson は "More is different." と端的な言葉で表現した．著者らは，『原子層科学』という名前で科学研究費のプロジェクトを2013年度から5年間でスタートした．上記のような課題を含めて非常に多くの課題に挑戦している．Web Page や Facebook で『原子層科学』で検索して活動を見ることができる．

[38] これより小さい（大きい）半径でも等速円運動は可能であるがその速度は地球の自転に比べて速く（遅く）なる．したがってケーブルをつなぐには少なくても，3万6千kmより長くないといけない．

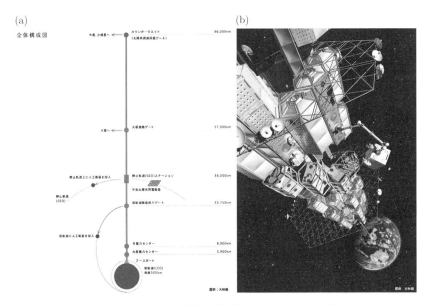

図 9.6 (a) 宇宙エレベーターの全体像．長さ約 10 万 km のカーボンナノチューブのケーブルにそって，クライマーと名付けた乗り物が昇降する．物質や人を，地球を回る軌道や，太陽を回る軌道に安価に投入することができる．(b) 静止軌道ステーションからみた宇宙エレベーターの想像図．地球からまっすぐ伸びたナノチューブのケーブル上にクライマーがある（（株）大林組ご提供による．http://www.obayashi.co.jp/news/news_20130730_1 に大林組の関連 Web ページがある）．

て利用できる．ロープウエイに使われる鋼鉄のケーブルだと鉄の密度が大きいので，ケーブル自体がケーブルの自重を支えることができない．エレベーターを建設する上での課題は，(1) 建設の手順をどうするか．(2) エレベーターによる輸送に時間がかかる，(3) 膨大な建設コストに見合った利益を考える必要がある[39]，がある．3万6千 km という距離は地球1周弱の距離に相当するので，飛行機の巡航速度 800 km/h でも 45 時間かかる．現在リニアモーターなどは 500 km/h の速度が出せるが，これはあくまで水平方向の速度なので，重力に打ち勝ってこの速度が出せるかはわからない．ただ重いものを運ぶときには 1～2ヵ月ぐらいの時間がかかっても良いなら，船なみの 25～50 km/h でよい[40]．

---

[39] 宇宙空間で太陽光発電衛星によって利益が回収できるのではないかと考えられてる．
[40] ちなみに現在のエレベータの最高速度は，72 km/h ぐらいである．

実際には，ケーブルを含む全体が落ちてこないために，ケーブルをさらに伸ばしてその先におもりを起き，遠心力で引っ張られている状態を保つことが必要である（図 9.6(a)）．また万が一ケーブルが切れた場合ハンマー投げのように，おもりごと宇宙空間に飛んでいってしまうことを防ぐ対策も考える必要がある．宇宙エレベーターを試験的に重力が小さく，空気がなく，さらに障害物がない月の上に建設したいところであるが，建設資材を月まで運ぶ必要があるので，やはり莫大なコストがかかってしまう．

このように課題が多い中，日本の最大手の建設会社の 1 つである大林組は 2050 年建設を目指した構想・設計を発表した．この夢の実現には，世界中の技術者が協力して行うことになるであろう．壮大な建築の設計と膨大なナノチューブ合成技術，そして世界的な資金の調達が，未解決な問題である[41]．

9.7.2　すべて炭素でできたパソコン★★

9.2 節ですでに紹介したように，ナノカーボンの技術を使えば，すべて炭素でできた集積回路を作ることができ，素子の大きさや消費電力を小さくすることで，基本的に箱の冷却は不要になる．ナノカーボンで作れるのは，パソコンの中枢である集積回路だけではない，タッチパネルや発光素子，また電池，筐体なども炭素でできる．未来のパソコンは筐体もディスプレイもなくなり，眼鏡につけられた素子によって，まるで空間にディスプレイが存在するように見えるようになる（すでに市販されている．）．電池や配線などで Li や絶縁体などが必要になるが，従来のもので十分であろうし，無線や熱起電力を用いた発電を用いてもよい．

グラフェンやナノチューブの素子を動作させるとき，動作電圧を $0.2\,\mathrm{V}$ 以下にしたい．電子を加速して運動エネルギーが $0.2\,\mathrm{eV}$ 以上になると，電子は電子格子相互作用によって光学フォノン（エネルギーが $0.2\,\mathrm{eV}$）を放出し，大きな非弾性散乱を起こす．$0.2\,\mathrm{eV}$ 以下ならば，光学フォノンは放出できないので電子のエネルギーは失われず，エネルギーの低い音響フォノンだけによる小さな発熱に限られる．また，動作電圧を下げると，絶縁体に電流が流れる絶縁破壊

---

[41] 著者の生きている間ぐらいに宇宙エレベーターに乗ってみたいものである．期待しています！

を起こす電圧が下がるので絶縁部[42]の厚さを薄くできる．

　従来のトランジスター回路の動作電圧は 5 V（3.3 V）であった．電圧を下げて，回路を流れる電流を小さくすると，消費電力は電圧の 2 乗に比例して小さくなる．しかし電圧を下げると一般には信号として認識するまでの時間が遅くなる．回路に発生する電圧の変化によってトランジスターが動作するから，小さい電流の変化で大きな電圧の変化を作りたい．そのために大きな抵抗（入力インピーダンス）が必要である．大きな入力インピーダンスの素子は現在でもある[43]が，回路を構成する絶縁体の抵抗がそれよりもはるかに大きいことが必要である．しかし実際にはそういう絶縁体を欠陥なく作るのは難しく，回路には必ず漏れ電流があることを前提とした，回路設計と動作電圧が必要である．Si 半導体の技術はこの漏れ電流との戦いであったということもできる．

　従来のパソコンの CPU[44]は動作スピードを速くして性能をあげようとしてきた．動作スピードをあげるには，単純には動作周波数をあげればよい[45]．動作周波数をあげると発熱も増えるので，力ずくで冷却しなければならず，何とも非効率な方法であった[46]．しかし，21 世紀にはいると CPU の集積度が上がり CPU の微小な空間での単位体積あたりの発熱量が増加したため，もはや冷却で問題を解決することができなくなった．そのために，(1) 動作電圧を下げた素子開発，(2) 下げても誤動作が起きない回路設計，(3) 演算する部分を複数作り並列計算させることで，動作周波数を下げても，低消費電力ながら性能を向上させることに成功してきた．動作電圧を 10 分の 1 にすると，消費電力は 100 分の 1 になる．100 W の CPU も 1 W になり，すでに冷却の必要はなくなる．電池もいらず，人間の体温で発電するようなもので済む[47]スマホやタブレット端末開発に象徴されるように今後は省電力端末が主流になる．CPU 内の並列計

---

[42] Si のトランジスターの場合には絶縁体は SiO_2 の酸化膜である．酸化膜の厚さは 300 nm ぐらいである．

[43] CMOS と呼ばれる素子の入力インピーダンスは 10 MΩ 以上ある．

[44] 第 1 章の脚注 18 参照，演算する部品．マザーボードと呼ばれる基盤の上につけて，冷却する装置をのせて使われる．

[45] ビデオを速く鑑賞したければ，倍速で見ればよいのと同じである．工場の同じ設備で大量にものを作りたければ，それぞれの工程のスピードをあげれば良い．

[46] 大学の計算機センターでは，電力消費の大きいコンピュータを使えば使うほど，同程度のクーラーの電力が必要である．

[47] 熱電素子といって，温度の高いところと低いところを半導体でつなぐと電流が流れる素子がある．半導体ナノチューブもすでに熱電素子としての性能があることが報告されている [131]．将来は，人間の体温や温泉などで発電することができ，毎日バッテリーに電池を充電しなければならない不便さがなくなる．

算の効率をあげる仕組みと CPU 内での情報伝達や放熱の方法の改良など，まだまだ技術開発の必要な領域が多く残されている．こういう設計には莫大な開発費がかかり一朝一夕に進歩するものではない．技術が進み最終的には大脳のような少ないエネルギーで動作する究極の回路に近づくと思われる．

9.7.3 室温での量子現象★★★

量子力学が 20 世紀に現れて，原子や分子の性質また固体の性質を次々に説明した[48]．量子現象は，主に低温で顕著に観察することができる．量子現象は，原子や電子間の相互作用や光や電磁場との相互作用によって安定な状態（基底状態という）を得たとき起きる現象である．例えば一番身近な量子現象である磁石は，原子（電子）のもっているスピン（小さい磁石）が，お互いの相互作用で同じ向きになる方が（バラバラな向きになるより）エネルギーが下がることで起こる．量子現象は量子効果を我々が観測できる現象であり，古典力学や電磁気学では説明できなかった特殊な現象である．

代表的な量子現象は，低温で電気抵抗が 0 になる超伝導である．電子は特殊な状態を作ることで通常の電子状態よりエネルギーの低い状態（超伝導状態）を作る．磁石なども秩序状態（強磁性状態）が無秩序状態（常磁性状態）よりエネルギーが低い状態である（図書 5）[49]．

---

[48] 量子力学で説明できる結果の式には $\hbar$（エイッチバー）と呼ばれるプランクの定数が必ず入っている．式の中で $\hbar$ を 0 と置いたとき，式全体が 0（または無限大）になる現象が量子現象であり量子力学でしか説明できない現象である．水素原子の準位や半導体のエネルギーバンドは量子力学を使わないと得られない．一方式に $\hbar$ が含まれない現象（振り子の運動，月の運動）は，従来の力学（古典力学）に従う現象である．量子力学で $\hbar = 0$ とした結果が古典力学に対応することを対応原理と呼ぶ．

[49] 有限温度 T での物質の状態のエネルギーの大小関係を比較するには，内部エネルギー U ではなく，自由エネルギー F を比較しなければならない．自由エネルギー F とは，等温・体積一定の状態で，内部エネルギー U からエネルギーとして取り出せない『熱としてのエネルギー』TS 部分を除いたエネルギー $F = U - TS$ である（T は絶対温度）．ここで S とは乱雑さを表すエントロピーと呼ばれるものであり，取り得る状態の数 W（場合の数）と関係がある．例えば 1 個の原子が 2 個の状態を取り，N 個の原子があったとすると場合の W は $W = 2^N$ 個ある．このときエントロピーは $k_B \log W$（k_B はボルツマン定数）で表される．log は自然対数の底 e を底とする対数である．したがって温度 T が大きくなるにつれ，S の大きな状態（より乱雑な状態，非秩序状態）が自由エネルギーが小さくなる．したがって秩序を作ることで自由エネルギーが低かった量子状態は，温度が上がるにつれ非秩序な古典的な状態に転移する（相転移）．相転移は，液体から気体のように，移る前と後が古典的な状態であっても起こる．移る前と後が両方共量子状態の場合は，特に量子相転移という．量子相転移の場合には，熱的な揺らぎより量子的な揺らぎが重要であることが知られている．

量子現象は，秩序を作ることで内部エネルギーが小さくなる量子状態が関連しているので，高温になると運動が活発になり，乱雑さの大きい無秩序状態（エントロピー S が大きく，したがって自由エネルギー $F = U - TS$ が小さい状態）に移る．これが量子現象が主に低温で起きるという理由である．

私が大学生のときは，超伝導と呼ばれる量子現象は $30\,\mathrm{K}$ ぐらいまでしか起こらないとされていた．しかし大学院生（1985 年）から助手になるころ（1990 年）に新しい物質が発見されて [132]，超伝導の消失する転移温度は，$30\,\mathrm{K}$ から $166\,\mathrm{K}$ まで一気に上昇した[50]．その後はまたこの転移温度の記録はあまり増加していない．一方で新しい物質が見つかれば室温 $300\,\mathrm{K}$ で超伝導が起きることも不可能ではない．道のりは果てしなく遠いのか，近いのかもわからない．革命的な発見があれば，明日あってもおかしくない[51]．

グラフェンでの量子現象である量子ホール効果[52]は室温でも観測された．さらにより良質の h-BN 基板上のグラフェン結晶を低温で観測すると，分数量子ホール効果も見出された [133, 134]．各分数量子ホール状態がどういう状態であるかということを理論的に記述するのは，非常に難しく多くの研究者が現在挑戦している．さてなぜ室温でも量子現象が観測されたかというと，上で説明した有限温度での無秩序化が，グラフェンの構造が持つ対称性によって抑制されたからである[53]．詳細には立ち入らないが，このことは量子現象を室温で実現するためのいくつかのヒントを与えてくれる．

まず，簡単に予想できることは，(1) 秩序状態が古典状態に比べて著しく内

---

[50] 私が大学院生のときは，素粒子理論研究室まで電気炉を購入して高温超伝導体を合成するといった大フィーバーがあった．

[51] 科学者が革命的な発見を見つけたときは，まずは (1) 本当に正しいのかどうか，次に (2) 他の人がほぼ同時に見つけていないのか，(3) 投稿論文でどうやって説明するか，まさに興奮とドキドキの生活を強いられる．ニュートリノ天文学で 2002 年ノーベル賞を受賞した小柴先生は，先生ご自身の大学での 1987 年 2 月の最終講義（著者も拝聴した）を終えた後，同じ月 2 月 23 日に超新星爆発からの電子ニュートリノを観測した．長年の研究があってこその発見であるが，そのときにはほぼ同時に観測した他の研究者より早く正確に結果を伝えたグループ内の陣頭指揮の素晴らしさが，ノーベル賞につながったのではないかと，著者は個人的に思っている．

[52] グラフェン面に垂直に磁場 B をかけて，面内を電流が流れる方向と直角な方向に電圧が発生する（ホール効果）が，このホール係数が e^2/h の整数倍もしくは分数倍に量子化される現象．ここで $h = \hbar \times 2\pi$ である．量子ホール効果は半導体で非常に低温で観測される．第 2 章脚注 17), 19) 参照．

[53] 第 7 章で後方散乱が抑制されることを示した．散乱が抑制されると，電子は 1 つの波として物質中を進行するので，量子ホール効果が起きやすい．

部エネルギー U が低い物質，または秩序状態を見つけることである[54]．(2) また，もともとエントロピー S（場合の数 W）が小さい状況を作ればよい．例えば，相互作用がある原子（電子）の数を少なくすれば，起こりうる場合の数が少ない．また3次元的な物質より2次元，1次元の物質の方が有利である．しかし原子数を単に少なくすればよいかというとそうではない．エントロピーも内部エネルギーと同じ示量変数[55]なので，単に小さくしたり低次元化しても得るものはない．しかし秩序を壊す相互作用には，相互作用に関わる特徴的な長さがあって，この特徴的な長さより小さい物質は，特徴的な長さより大きい物より量子的な効果が出やすい．この意味で物質の大きさは量子効果の発現に影響がある[56]．

この辺が室温で量子現象を見ることができる条件である．ナノカーボンの大きさは1ミクロン以下であり，電子の干渉長，フォノンの平均自由行程，光の波長などの長さより短い．またグラフェンのディラックコーンの電子状態には特徴的な長さがない[57]．著者は，ナノカーボンが室温超伝導の切り札になるのでは無いかと期待している．しかしその答えを見つける糸口がどこにあるかはわからない．

未解決の答えは，我々の想像を越えるところにある．その答を得るために努力して，諦めて，また努力して，それでも得られないのである．なぜなら努力している（想定する）ところと答えが違う場所にあるからである[58]．科学者が，想像を越えた答えを得るのは，想定外の失敗とか偶然の思いつきが多い．科学者は，その答えを得るために努力を続ける．新しい発見は誰にでもチャンスがあるが，せっかく得たチャンスを逃さないためには，その発見に自ら気づかねばならない．読者の多くが科学のおもしろさや不思議さがわかって，将来ナノ

---

[54] 高温超伝導の転移温度の上昇は，多くの研究者の物質探査によるところが多い．
[55] 体積が2倍になれば2倍になる量，N が非常に大きく熱力学が使えるような通常の世界では，内部エネルギーもエントロピーも示量変数である．これに対し，温度のように体積を2倍にしても変わらない変数のことを示強変数という．
[56] 従来の固体物理学は，結晶は十分大きく物性は大きさによらないとして計算されていた．
[57] 底面を考えないで無限に続く円錐形を頂点を中心に縮小しても拡大しても同じ傾きの円錐型である．電子の速度は拡大縮小しても変わらない．これはグラフェンが特徴的な長さを持たないことを意味している．これは極めて特殊な状況である．
[58] デパートの1階のフロアじゅうを歩き回り，食品売り場を探しても見つからない．地下にあるからである．地下に食品売り場があるという発見がなければ，永遠に見つけることができない．

カーボンの研究をすることを願って本書を閉じることにする．

---- ティータイム 13 ----

この章は 2014 年の 4 月から 6 月にかけて全面的に書き直した．新しいことを追って原稿を書いていくと，さらにどんどん新しい論文が発表され，ナノカーボンの急速に発展する科学の世界を本で記述することの難しさを感じた．Web 上から何でも最新情報を得る時代でこそ，情報の中で何が重要であるか，何がおもしろいのかを記述する本書のような解説書の重要性を痛いほど感じる．一方，著者が新しいことをすべて把握し，読者にわかるように記述するのは力不足のように感じた．わかりにくい部分，未完成の部分はどうぞご容赦いただきたい．

もしこの優秀な読者が本書を読破されたとしても，ナノカーボンの世界の入り口から少し入ったところ（入り口付近ではない!!）ぐらいだということである．研究の世界は常に，まだわからないことだらけであることであることを認識いただければ幸いである．重要なことは，情報に振り回され未解決問題に対して多くの研究者と競争して答えるより，自分で新たな興味深い問題を見つけ提起することであると考えている．本書の未完成の部分が読者の問題提起になってくれないかと，ずいぶん都合の良い言い訳を考えている．

若い人が，この本をもってナノカーボンに興味を持ち，大学や企業の研究室で研究し，学会でお会いすることを楽しみにしている．

参考図書

各章に関連した本を紹介する．また本に近い 100 ページ程度の解説なども紹介する．著者が用意するこの本のページ（東北大学 齋藤理一郎 で検索[59]）にも，手に入りにくい解説書などをダウンロード可能な形でおいておく予定である．[60]

著者の本

1. カーボンナノチューブの基礎と応用，齋藤理一郎・篠原久典編，培風館，(2003) *** カーボンナノチューブに関して，実験や理論の基礎的なことを紹介．
2. Physical Properties of Carbon Nanotubes, R. Saito et al. Imperial College Press (1998) *** ナノチューブの立体構造や電子状態計算（グラフェンを含む）の詳細が書かれている．現在でもよく引用される．
3. Raman spectroscopy in Graphene Related Systems, A. Jorio et al., Wiley-VCH (2011) *** ナノカーボンのラマン分光に関する専門書．
4. 量子物理学, 齋藤理一郎, 培風館 (1993) *** グラフェンのタイトバインディング法の計算方法が，量子力学の簡単な説明とともに書いている教科書．
5. 基礎固体物性, 齋藤理一郎, 朝倉書店 (2009) *** 量子力学を勉強した人が，固体の物理的性質を勉強するための教科書．

---

[59] http://flex.phys.tohoku.ac.jp/book15/ ．
[60] 日本には，ナノチューブ研究で活躍する齋藤姓が多く，国内外で会話をしていて，『たぶんそれは，別の齋藤です．』と弁明することが多い．著者で S. Saito は 齋藤晋先生（東工大），Y. Saito は 齋藤弥八先生（名大），R. Saito は齋藤理一郎（東北大）であるので，イニシャル一文字に注意．研究論文になるとさらに別のイニシャル（T. Saito, G. Saito）や同じイニシャルで別の大学の若い研究者である場合もあるので複雑です．所属と合わせて確認してみてください．

6. カーボン・ナノチューブ・グラフェンの科学, 齋藤理一郎, 共立出版 (2015) *** 本書. フラーレンを含めナノカーボン全般を解説.
7. R. Saito et al. Adv. in Phys., 60, pp. 413-550 (2011) *** ラマン分光の解説書. 下記からダウンロードできる.
8. 学会誌などの解説 (約 30 編) は, 著者の Home Page[61] の『最近の解説』からダウンロードできる. Reference Pages[62]には, 著者の論文を分類している. 一部ダウンロードもできる.

フラーレンの専門書

9. フラーレンとナノチューブの科学, 篠原久典・齋藤弥八著 名古屋大学出版会 (2011) *** フラーレンに関してもっとも新しい教科書. 参考文献も詳しい.
10. C_{60}・フラーレンの化学, 化学編集部編, 化学同人 (1993) *** フラーレン情報満載の本, 歴史的な価値も高いが, 20 年たった今読んでも楽しめる.
11. Science of Fullernenes and Carbon Nanoubes, M. S. Dresselhaus, G. Dresselhaus, P. C. Eklund, Academic Press (1996). *** フラーレン, ナノチューブの初期の研究成果をこの本にすべてまとめられている.
12. 炭素第三の同素体 フラーレンの化学, 日本化学会編, 学会出版センター (1999) *** 大澤映二先生が中心となってまとめられた解説書.
13. フラーレン, 谷垣勝巳他著, 産業図書 (1992) *** フラーレンの初期の研究が詳しい.

ナノチューブの専門書

14. カーボンナノチューブの基礎, 齋藤弥八・坂東俊治, コロナ社 (1998) *** BCN ナノチューブやフラーレン, ナノカプセル, ワイヤーの説明もある.
15. カーボンナノチューブの材料科学入門, 齋藤弥八編著, コロナ社 (2005) *** 1 つ前の本の続編, ナノチューブを操作プローブの針, 電解エミッタ, 電

---

[61] http://flex.phys.tohoku.ac.jp/~rsaito/
[62] http://flex.phys.tohoku.ac.jp/~rsaito/rsj/reference.html

池材料などの応用が詳しい．

16. カーボンナノチューブ・グラフェンハンドブック，フラーレン・ナノチューブ・グラフェン学会編，コロナ社 (2011) *** FNG 学会のメンバーによるハンドブック．日本を代表する研究者で書かれている．ハンドブックとしては安い．

17. カーボンナノチューブ ー期待される材料開発ー，シーエムシー編集部編，シーエムシー (2001)，ナノチューブ合成と初期の物性測定の成果を見ることができる．

18. カーボンナノチューブ ーナノチューブのデバイスへの挑戦ー，田中一義編，化学同人，(2000)，*** ナノチューブの電子状態の初期の発見者の 1 人である編者による解説書．著者の皆さんの顔写真が若いのが印象的．

19. Carbon Nanotubes, A. Jorio, M. S. Dresselhaus, G. Dresselahsu, Eds, Springer (2009) *** ナノチューブの第一線の研究者が研究を解説．

20. Carbon Nanotubes, Eds. M. Endo et al., Pergamon Press (1996)，ナノチューブ初期の研究者による本．電子顕微鏡写真や立体模型が多い．

21. Carbon Nanotubes: Synthesis, Structure, Properties and Applications, Eds. M. S. Dresselhaus et al., Springer (2001) *** ナノチューブ研究者が集まって書かれた専門書．R. E. Smalley が Preface で 9 個の質問 (Can it ... ?) をしている．2014 年までに 3 つ達成している．

22. Carbon Nanotubes, S. Reich et al, Wiley-VCH, (2004), *** ベルリンの 3 名の著者が書いたナノチューブの教科書．ヨーロッパで広く読まれている．

23. Carbon Nanotubes: Quantum Cylinders of Graphene, Eds S. Saito and A. Zettel, (2008) *** 主にアメリカのナノチューブ研究第一人者がまとめたナノチューブの編書．

24. Carbon Nanotube and Related Field Emitters, Ed. Y. Saito, Wiley-VCH (2010), *** ナノチューブの電界放出 (エミッター) に関する研究をまとめたもの．

25. ナノカーボンハンドブック，遠藤守信・飯島澄男監修，エヌ・ティ・エス (2007) *** フラーレン・グラフェンとともに 929 ページのハンドブック．図書館向き．

グラフェンの専門書

26. Physics of Graphene, Eds. H. Aoki and M. S. Dresselhaus, Springer-Verlag, (2014) *** グラフェンの全般をカバーした最新の本．
27. Introduction to Graphene-Based Nanomaterials, L. E. F. F. Torres et al, Cambridge Univ. Press (2014) *** グラフェンの基礎を3名の理論の著者がまとめた．第一原理計算，量子輸送が詳しい．
28. Physics and Chemistry of Graphene, Eds. T. Enoki and T. Ando, Pan Stanford Publishing, (2013) *** ナノグラファイト研究の草分けの編者による，日本の著者による本．
29. Graphene and Its Fascinating Attributes, Eds. S. K. Pati, World Scientific (2011) *** インドと日本の著者が2国間交流でまとめた本．

炭素材料専門書

30. 炭素学，田中一義他編，化学同人 (2011) *** ナノカーボンだけでなく，炭素繊維やガス吸着，環境浄化まで幅広い炭素材料を解説．
31. カーボン用語辞典，炭素材料学会編，アグネ承風社 (2000) *** 炭素材料学会が，炭素材料に関する用語を集め辞書にしたもの．用語の英語訳もある．
32. Graphite Fibers and Filaments, M. S. Dresselhaus et al., Springer-Verlag, (1988) *** 炭素繊維の物理や材料科学が詳しい．定量的な議論がある．
33. Ion Implantation in Diamond, Graphite and Related Materials, M. S. Dresselhaus and R. Kalish, Springer-Verlag (1992) *** グラファイトの物理の解説が詳しい．炭素材料へのイオン打ち込みの物理．
34. エキゾティックメタル GIC, 上村洸・大野隆央著, 物理学最前線7巻, 共立出版 (1985) *** 物理学最前線の旧シリーズ グラファイト層間化合物の本．
35. Graphite Intercalation Compounds and Application, T. Enoki et al, Oxford (2003) *** グラファイト層間化合物の集大成となる本．

一般向けの著書

36. カーボンナノチューブと量子効果, 安藤恒也・中西毅著, 岩波書店 (2007) *** 本書に近い方針で式を使わずナノチューブの量子効果を解説. 内容は高度.
37. カーボンナノチューブの挑戦, 飯島澄夫著 岩波書店 (1998) *** ナノチューブの発見者の目から見たナノチューブ研究. 一般向けを強く意識して書かれている.
38. 野原の奥, 科学の先, 遠藤守信 文屋文庫 (2004) *** 気相成長炭素繊維の発見者であり, ナノチューブの原子像を 1970 年代に見ていた話がある. 入手は難しいかも.
39. ナノカーボンの科学, 篠原久典著, 講談社ブルーバックス, *** フラーレンの発見に関して, 史実に非常に正確に書かれている本. 研究者の葛藤や興奮が伝わる.
40. サッカーボール型分子 C60—フラーレンから五色の炭素まで, 山崎昶著, 講談社ブルーバックス, *** 研究者の目から見たフラーレンの解説. 一般の人の目線で書かれている.

お勧めしたいその他の本

41. 極限の科学, 伊達宗行著, 講談社ブルーバックス, *** 現代の固体の物理の話をわかりやすく解説している. 内容は高度であるがわかりやすい. 大学院生にも読んでほしい.
42. 生物と無生物のあいだ, 福岡伸一著, 講談社現代新書, *** 遺伝子科学の進歩がよくわかる. 達筆な文章に脱帽. 研究とは何か, 研究者とは何かを考えさせられる. 生命科学で真実をつかむことの難しさがよくわかる.
43. 理系白書, 毎日新聞科学環境部著, *** 日本の理系人間をよくとらえた本. 理系に進んだ大学生が読んでみるのは将来を決めるのに良いかも. ちなみに本書の図 9.1 は理系白書の著者の一人である元村有希子氏が東北大で講演された時に使われたのが印象的だったので, 本書で利用させていただいた. 図は理系白書には使われていない.

44. 10歳からの量子論，都筑卓司著，講談社ブルーバックス，*** 量子力学や，統計力学を勉強した物理学科の20歳の学生が読むと，科学の歴史がわかっておもしろい．科学の発見とは何か？ を考えるのに適書．この本の著者による著作は非常に多い．
45. エレクトロニクスを中心とした年代別科学技術史，城阪俊吉著，日刊工業新聞社，*** 技術の歴史が詳しく書かれている．調べ物にも良いし，ぼんやり見ても楽しい．図書館にあっても良い本であろう．

ティータイム 14

筆者が小さい頃TVで見て，とても羨ましいと思ったのが廃棄物からできるメタンガスである．TVの番組では，農家の人がタンクの中に廃棄物をいれ発生したメタンガスをパイプで台所までひきこんで，その火で料理することを紹介していた．廃棄物には繊維（セルロース）を分解する細菌（嫌気性細菌＝空気が嫌いな細菌）がいて，その分解生成物としてメタンガスが発生するのである．高校生の時化学部に所属していた筆者は，文化祭の時このメタンガスの発生の仕組みを調べ，展示・発表した．水槽を買ってきて，近所の臭そうなドブの水を汲み，セルロースの原料としてトイレットペーパーをいっぱい水槽にいれ放置した．その結果，部室がドブ臭くなり，他の部員からブーイング（部員だけに）がでたが，文化祭の当日までにトイレットペーパーで覆われたドブ水の表面の下に，小さなメタンガスの泡がいっぱい溜った．泡の溜ったところを針でつつきながらマッチの火を近づけると，ピッと音がして燃えたので，文化祭に来た子供たちが面白がってくれたのを覚えている．あれから40年近く経ったが，昨今はこのセルロースの生物による分解で，バイオメタノールを作ったり，ブドウ糖を作ったりする研究が盛んである．筆者も，ナノカーボンの技術を用いて，夢のバイオ技術に貢献できないか，いまだに考えている．

参考文献

[1] H. W. Kroto, et al., Nature (London) **318**, 162 (1985).

[2] K. S. Novoselov, et al., Science **306**, 666 (2004).

[3] K. S. Novoselov, et al., Nature **438**, 197 (2005).

[4] E. Osawa, Kagaku (in Japanese) **25**, 854 (1970).

[5] M. Fujita, R. Saito, G. Dresselhaus, and M. S. Dresselhaus, Phys. Rev. B **45**, 13834 (1992).

[6] S. Iijima, Nature (London) **354**, 56 (1991).

[7] R. Saito, G. Dresselhaus, and M. S. Dresselhaus, *Physical Properties of Carbon Nanotubes* (Imperial College Press, London, 1998).

[8] M. S. Dresselhaus, G. Dresselhaus, and R. Saito, Phys. Rev. B **45**, 6234 (1992).

[9] R. Saito, M. Fujita, G. Dresselhaus, and M. S. Dresselhaus, Phys. Rev. B **46**, 1804 (1992).

[10] R. Saito, M. Fujita, G. Dresselhaus, and M. S. Dresselhaus, Appl. Phys. Lett. **60**, 2204 (1992).

[11] N. Hamada, S. Sawada, and A. Oshiyama, Phys. Rev. Lett. **68**, 1579 (1992).

[12] K. Tanaka, M. Okada, K. Okahara, and T. Yamabe, Chem. Phys. Lett. **191**, 469 (1992).

[13] A. Oberlin, M. Endo, and T. Koyama, J. Crystal Growth **32**, 335–349 (1976).

[14] S. Iijima and T. Ichihashi, Nature (London) **363**, 603 (1993).

[15] D. S. Bethune, et al., Nature (London) **363**, 605 (1993).

[16] K. von Klitzing, G. Dorda, and M. Pepper, Phys. Rev. Lett. **45**, 494 (1980).

[17] Y. Zhang, Y. W. Tan, H. L. Stormer, and P. Kim, Nature **438**, 197 (2005).

[18] Y. Fujibayashi, J. Phys. Soc. Jpn. **34**, 989 (1973).

[19] K. Nakada, M. Fujita, G. Dresselhaus, and M. S. Dresselhaus, Phys. Rev. B **54**, 17954 (1996).

[20] T. Ando, T. Nakanishi, and R. Saito, J. Phys. Soc. Jpn. **67**, 2857 (1998).

[21] P. R. Wallace, Phys. Rev. **71**, 622 (1947).

[22] S. Bae et al., Nat. Nanotech. **5**, 574 (2010).

[23] A. K. Geim and K. S. Novoselov, Nat. Mater. **6**, 183 (2007).

[24] M. S. Dresselhaus, G. Dresselhaus, and P. C. Eklund, *Science of Fullerenes and Carbon Nanotubes* (Academic Press, New York, NY, San Diego, CA, 1996).

[25] H. Liu, D. Nishide, T. Tanaka, and H. Kataura, Nat. Commun. **2**, 309 (2011).

[26] C. Cong et al., ACS Nano **5**, 8760 (2011).

[27] P. Moon and M. Koshino, Phys. Rev. B85 **85**, 195458 (2012).

[28] K Sato, R. Saito, C. Cong, T. Yu, and M. S. Dresselhaus, Phys. Rev. B **86**, 125414 (2012).

[29] D. V. Kosynkin et al., Nature **458**, 872 (2009).

[30] A. Thess et al., Science **273**, 483 (1996).

[31] D. S. Bethune, G. Meijer, W. C. Tang, and H. J. Rosen, Chem. Phys. Lett. **174**, 219 (1990).

[32] W. Krätschmer, L. D. Lamb, K. Fostiropoulos, and D. R. Huffman, Nature (London) **347**, 354 (1990).

[33] R. E. Haufler et al., J. Phys. Chem. **94**, 8634 (1990).

[34] R. Taylor, J. Chem. Soc., Chem. Commun. **20**, 1423 (1990).

[35] J. R. S. Valencia et al., Nature **512**, 61 (2014).

[36] J. Kong, H. T. Soh, A. M. Casswell, C. F. Quate, and H. Dai, Nature (London) **395**, 878 (1998).

[37] M. Endo and H. W. Kroto, J. Phys. Chem. **96**, 6941 (1992).

[38] H. Dai, E. W. Wong, and C. M. Lieber, Science **272**, 523 (1994).

[39] A. V. Nilolaev et al., Chem. Phys. Lett. **313**, 91 (1999).

[40] S. Maruyama et al., Chem. Phys. Lett. **360**, 229 (2002).

[41] Y. Murakami et al., Chem. Phys. Lett. **385**, 298 (2004).

[42] K. Hata et al., Science **306**, 1362 (2004).

[43] T. Sauri et al., J. Nanosci. Nanotech. **8**, 6153 (2008).

[44] X. Li et al., Science **324**, 1312 (2009).

[45] K. S. Kim et al., Nature **457**, 706 (2008).

[46] M. J. O'Connell, et al., Science **297**, 593 (2002).

[47] M. S. Arnold et al., Nat. Nanotech. **1**, 60 (2006).

[48] T. Tanaka et al., Appl. Phys. Express **2**, 125002 (2009).

[49] T. Tanaka et al., Phys. Status Solidi **5**, 301 (2011).

[50] K. Jiang et al., Nature **419**, 801 (2002).

[51] S. M. Bachilo, et al., J. Am. Chem. Soc. **125**, 11186 (2003).

[52] Y. Yao et al., Nano Lett. **9**, 1673 (2009).

[53] M. Endo et al., Nature **433**, 476 (2005).

[54] F. Villalpando-Paez, et al., Phys. Rev. B **82**, 155416 (2010).

[55] K. Kobayashi et al., Appl. Phys. Express **7**, 015101 (2013).

[56] S. Hitosugi et al., J. Am. Chem. Soc. **134**, 12442 (2012).

[57] M. Mikawa et al., Bioconjugate Chem. **12**, 510 (2001).

[58] K. Tanigaki, et al., Nature (London) **352**, 222 (1991).

[59] O. Gunnarsson, Rev. Mod. Phys. **69**, 575 (1997).

[60] J. L. Bahr et al., J. Am. Chem. Soc. **123**, 6536 (2001).

[61] V. Derycke, R. Martel, J. Appenzeller, and Ph. Avouris, Nano Letters **1**, 453 (2001).

[62] K. Seike et al., J. J. Appl. Phys. **53**, 04EN07 (2014).

[63] J. Du et al., Adv. Mater. **26**, 1958 (2014).

[64] Y. W. Son et al., Phys. Rev. Lett. **97**, 216803 (2006).

[65] H. Yang et al., Science **336**, 1140 (2012).

[66] M. Bottini et al., Tox. Lett. **160**, 121 (2006).

[67] R. Saito, G. Dresselhaus, and M. S. Dresselhaus, Phys. Rev. B **50**, 5680 (1994).

[68] R. Saito, G. Dresselhaus, and M. S. Dresselhaus, Phys. Rev. B **46**, 9906 (1992).

[69] A. Jorio et al., Phys. Rev. Lett. **86**, 1118 (2001).

[70] A. H. Castro Neto et al., Rev. Mod. Phys **81**, 181 (2009).

[71] Y. M. Lin et al., Science **327**, 662 (2010).

[72] J. W. McClure, Phys. Rev. **104**, 666 (1956).

[73] R. Saito and H. Kamimura, Phys. Rev. B **33**, 7218 (1986).

[74] Y. Ominato and M. Koshino, Phys. Rev. B **85**, 165454 (2012).

[75] M. I. Katsnelson et al., Nat. Phys. **2**, 620 (2006).

[76] A. Grüneis et al., Phys. Rev. B **67**, 165402 (2003).

[77] K. Sasaki and R. Saito, Prog. Theor. Phys. Suppl. **176**, 253 (2008).

[78] D. Gunlycke and C. T. White, Phys. Rev. Lett. **106**, 136806 (2011).

[79] T. Nakanishi et al., Phys. Rev. B. **82**, 125428 (2010).

[80] K. Sasaki et al., Phys. Rev. B **80**, 155450 (2009).

[81] H. Ajiki and T. Ando, Physica B Condensed Matter **201**, 349 (1994).

[82] T. Ando, J. Phys. Soc. Jpn. **73**, 3351 (2004).

[83] S. Zaric et al., Science **304**, 1129 (2004).

[84] R. Saito et al., Adv. in Phys. **60**, 413 (2011).

[85] A. Jorio et al., Phys. Rev. Lett. **90**, 107403 (2003).

[86] T. M. G. Mohiuddin et al., Phys. Rev. B **79**, 205433 (2009).

[87] M. A. Pimenta et al., Phys. Chem. Chem. Phys. **9**, 1276 (2007).

[88] F. Tuinstra and J. L. Koenig, J. Composite Materials **4**, 492 (1970).

[89] K. Sato et al., Chem. Phys. Lett. **427**, 117 (2006).

[90] L. G. Cancado et al., Carbon **46**, 272 (2009).

[91] A. C. Ferrari and J. Robertson, Phys. Rev. B **64**, 075414 (2001).

[92] R. Saito et al., Phys. Rev. Lett. **88**, 027401 (2002).

[93] R. Saito et al., New Journal of Physics **5**, 157 (2003).

[94] J. Wagner et al., Appl. Phys. Lett. **59**, 779 (1991).

[95] A. C. Ferrari et al., Phys. Rev. Lett. **97**, 187401 (2006).

[96] M. A. Pimenta et al., Phys. Rev. B Rapid **58**, R16016 (1998).

[97] M. T. Chowdhury et al., Phys. Rev. B **85**, 115410 (2012).

[98] L. G. Cançado et al., Phys. Rev. B **66**, 035415 (2002).

[99] R. Saito, G. Dresselhaus, and M. S. Dresselhaus, Phys. Rev. B **61**, 2981 (2000).

[100] A. R. T. Nugraha et al., Appl. Phys. Lett. **97**, 091905 (2010).

[101] H. Kataura et al., Synthetic Metals, **103**, 2555 (1999).

[102] M. S. Dresselhaus, G. Dresselhaus, R. Saito, and A. Jorio, Physics Reports **409**, 47 (2005).

[103] M. S. Dresselhaus, G. Dresselhaus, R. Saito, and A. Jorio. In *Annual Reviews of Physical Chemistry Chemical Physics*, edited by S. R. Leone, J. T. Groves, R. F. Ismagilov, and G. Richmond, pages 719–747, Annual Reviews, Palo Alto, CA, 2007.

[104] Y. Oyama et al., Carbon **44**, 873 (2006).

[105] A. Jorio et al., Appl. Phys. Lett. **88**, 023109 (2006).

[106] J. S. Park et al., Carbon **47**, 1303 (2009).

[107] C. Cong et al., ACS Nano **5**, 1600 (2011).

[108] E. H. Hasdeo et al., Phys. Rev. B **88**, 115107 (2013).

[109] R. Saito et al., Solid State Comm. **175-176**, 18 (2013).

[110] M. S. Dresselhaus and G. Dresselhaus, Advances in Phys. **30**, 139 (1981).

[111] S. Saito and A. Oshiyama, Phys. Rev. Lett. **66**, 2637 (1991).

[112] C. Dekker, Phys. Today **52**, 22 (1999).

[113] T. Ando, J. Phys. Soc. Jpn. **74**, 777 (2005).

[114] A. Bachtold et al., Science **294**, 1317 (2001).

[115] N. Tombros et al., Nature **448**, 571 (2007).

[116] K. Tsukagoshi et al., Nature **401**, 572 (1999).

[117] P. Roulleau et al., Nat. Commun. **2**, 239 (2011).

[118] D. Pesin and A. H. MacDonald, Nat. Mater. **11**, 409 (2012).

[119] K. Wakabayashi et al., Phys. Rev. Lett. **99**, 036601 (2007).

[120] K. Sasaki, R. Saito, G. Dresselhaus, M. S. Dresselhaus, H. Farhat, and J. Kong, Phys. Rev. B **77**, 245441 (2008).

[121] J. H. Kim et al., Chem. Phys. **413**, 55 (2013).

[122] N. Kumada et al., New J. Phys. **16**, 063055 (2014).

[123] M. M. Shulaker et al., Nature **501**, 526 (2013).

[124] O. K. Varghese et al., Nat. Nanotech. **4**, 592 (2009).

[125] T. R. Schibli et al., Opt. Ex. **13**, 8025 (2005).

[126] L. Wang et al., ACS Nano **6**, 9314 (2012).

[127] Y. J. Zhang et al., Science **344**, 725 (2014).
[128] G. Trambly et al., Nano Lett. **10**, 804 (2010).
[129] C. R. Dean et al., Nature **497**, 598 (2013).
[130] M. Koshino and T. Ando, Phys. Rev. B **76**, 085425 (2007).
[131] S. Masubuchi et al., Physica **B323**, 267 (2002).
[132] J. G. Bednorz and K. A. Müller, Z. Physik. B **64**, 189 (1986).
[133] X. Du et al., Nature **462**, 192 (2009).
[134] K. I. Bolotin et al., Nature **462**, 196 (2009).

──── ティータイム 15 ────

日曜日の買い物ついでに，郊外のショッピングモールにある床屋に寄り，別の場所で買い物をした家内に車でピックアップしてもらう手筈だったが床屋が早く終わり，駐車場で 15 分待たされた．筆者は，ガラパゴス諸島の動物のように独自の進化をとげた？人間で携帯電話を持っていないので，ただ待つだけである．何かを待っているのは苦痛ではない．よく考え事や体操をしている．仕事では WiMax（携帯の無線 LAN）を使って出張中にメールを見ることは可能だが通常の生活では，いただいたナノチューブを使ったスマホ（SIM は無い）を持ち歩くこともない．携帯電話の必要性を感じないのである．さて，待っている間駐車場に出入りする車の種類を観察したのであるが，驚いたことに半分が軽自動車，残り半分がハイブリッドカーであった．それ以外の車種もないことはないが少ない．世の中は確実にエコに動いているようだ．我が家の 13 年物の車（希少種の従来型）に乗って家に帰るときにセルフのガソリンスタンドで給油した．筆者は通勤で車を使わないので，自分でガソリンを入れることはない．家内がクレジットカードをセルフの機械にいれて驚いたのは，「このガソリンにはバイオガソリンが含まれています」という音声メッセージが流れたことである．知らず知らずのうちに科学が進歩し，バイオガソリンが使われ，近未来社会になっているのを実感した一日であった．

索　引

■英数字▶

CNTFET ……………………… 64
CVD …………………………… 48
FET …………………………… 64
HiPCO 法 ……………………… 48
HOMO …………………… 70, 76
ITO …………………………… 66
LCAO-MO …………………… 69
LUMO …………………… 70, 76
RBM ………………………… 110

■あ▶

アーク放電 ……………… 18, 46
アガロースジェル …………… 53
アスベスト …………………… 67
アルキメデスの多面体 ……… 15
安全性 ………………………… 67
アンタイ・ストークス散乱 … 106

異性体 ………………………… 47
移動度 ………………………… 96

永年方程式 …………………… 71
エネルギーバンド ……… 76, 81

オイラーの多面体定理 ……… 17

■か▶

カーボンファイバー ………… 43
界面活性剤 …………………… 51
カイラルベクトル …………… 35
化学気相蒸着 ………………… 48
角運動量 ……………………… 74

重なり行列 ……………… 71, 80
重なり積分 …………………… 70
価電子帯 ……………………… 82
カラムクロマトグラフィー … 47
緩和 …………………………… 92

擬スピン ……………………… 99
機能性分子 …………………… 61
基本格子ベクトル ……… 33, 78
逆格子ベクトル ………… 78, 82
キャップ ……………………… 43
キャリアー濃度 ……………… 96
球面調和関数 ………………… 74
鏡映 …………………………… 37
共鳴トンネル効果 ………… 131
共鳴ラマン分光 ………… 86, 111
共有結合 ……………………… 31
金属内包フラーレン ………… 61

クライン・トンネル効果 …… 95
クラスター …………………… 13
グラファイト ………………… 4
グラフェン …………………… 23
クロマトグラフィ …………… 18
群論 …………………………… 75

結晶格子 ……………………… 77
原子層膜 ……………………… 66

後方散乱の消失 ……………… 98
固体物理学 …………………… 91
固有値 ………………………… 71
混成 …………………………… 31

■さ▶

最近接	80
散乱光共鳴	112
シート抵抗	66
G バンド	108
G' バンド	109
磁気抵抗効果	103
σ 結合	78
自己組織化	9
シナジー効果	58
状態密度	85
示量変数	147
垂直遷移	113
スーパーグロース法	49
ストークス散乱	106
スピントロニクス	100
素励起	106

■た▶

第一原理計算	72
対称性ベクトル	39
タイトバインディング軌道	79
タイトバインディング法	72
多層ナノチューブ	43
タッチパネル	65
谷間散乱	115
谷内散乱	120
単層ナノチューブ	42
炭素クラスター	45
炭素繊維	43, 63
超伝導体	61
D*バンド	120
D バンド	108
ディラックコーン	88
ディラック点	88
電界効果トランジスター	64
展開図	33

電子エネルギー損失分光	134
伝導帯	82
透明伝導膜	66
トランスファー行列	71
トランスファー積分	70

■な▶

ナノカーボン	2
ナノ構造	7
ナノチューブの構造	37
ナノチューブの構造の公式	41
ナノチューブの状態密度	85
ナノチューブの直径	36
ナノリボン	66
2 次のラマン過程	114
2 重共鳴ラマン効果	115
入射光共鳴	112

■は▶

π 結合	70, 78
π バンド（グラファイトの――）	79
波数	106
発見	26
発光	91
ハミルトニアン行列	80
ハミルトン演算子	70
バレー自由度	100
バレートロニクス	100
バレーフィルター効果	101
半金分離	52
反磁性	93
半値幅	108
バンドル	44, 51
ピーポッド	57
光の散乱	105
表面プラズモン共鳴	134
ファセット化	43
ファンデルワールス結合	77
ファンホーブ特異性	86

索引

フェルミエネルギー 81, 90
複合材 63
フラーレン 18
プラズモニクス 133
プレゼン能力 27
ブロッホ軌道 79
分散 81
分散関係 81
分子軌道 69
分子軌道法 69
分子性固体 60

並進ベクトル 38
ベリー位相 98

■ま▶

ミー散乱 105
密度勾配遠心分離法 52

■や▶

有機化学 57

■ら▶

螺旋対称性 38
ラマン活性モード 110
ラマン散乱 105
ラマンシフト 106
ラマンスペクトル 106
ランダウ減衰 134
ランダウ反磁性 93

量子化 74
磁束量子 140
量子相転移 145
量子ドット 130
量子力学 74

レイリー散乱 105
レーザーアブレーション法 45

ロープ 44
六方格子 77

著者紹介

齋藤理一郎（さいとう　りいちろう）

1980 年	東京大学理学部　卒業
1985 年	東京大学大学院理学系研究科物理学専攻修了（理学博士）
1985 年	東京大学理学部　助手
1990 年	電気通信大学電気通信学部　助教授
1990 年	東京大学理学部客員助教授（1990.8-1991.9）（併任）
1991 年	マサチューセッツ工科大学客員研究員（1991.10-1992.7）（併任）
1993 年	東京大学大学院理学系研究科客員助教授（1993.7-1994.3）（併任）
1997 年	東京大学物性研究所客員助教授（1997.10-1998.3）（併任）
2003 年	東北大学大学院理学研究科　教授（現職）
2009 年	上海大学客員教授（2009.10-2012.10）（併任）
専　門	物性理論，固体物理学，ナノカーボン
受賞歴	1999 年　日本IBM科学賞
	2006 年　Hsun Lee Research Award
	2008 年　The Japan Carbon Award for Innovative Research
	2009 年　日本顕微鏡学会論文賞
	2009 年　IUMRS 2009 Somiya Award
	2014 年　日本物理学会論文賞
著　書	『基礎固体物性』（朝倉書店，2009）
	『カーボンナノチューブの基礎と応用』（編著）（培風館，2004）
	『量子物理学』（培風館，1996）
	『Raman Spectroscopy in Graphene Related Systems』
	（Wiley VCH, 2011）
	『Physical Properties of Carbon Nanotubes』
	（Imperial College Press, 1998）

基本法則から読み解く　物理学最前線 5
フラーレン・ナノチューブ・
　グラフェンの科学
　　ナノカーボンの世界

Fullerene, Nanotube, and Graphene
The world of nanocarbon

2015 年 1 月 25 日　初版 1 刷発行
2018 年 4 月 15 日　初版 2 刷発行

著　者　齋藤理一郎 © 2015
監　修　須藤彰三
　　　　岡　真
発行者　南條光章
発行所　共立出版株式会社
　　　　東京都文京区小日向 4-6-19
　　　　電話　03-3947-2511（代表）
　　　　郵便番号　112-0006
　　　　振替口座　00110-2-57035
　　　　URL http://www.kyoritsu-pub.co.jp/

印刷　藤原印刷
製本

検印廃止
NDC 428
ISBN 978-4-320-03525-6

一般社団法人　自然科学書協会　会員

Printed in Japan

JCOPY ＜出版者著作権管理機構委託出版物＞
本書の無断複製は著作権法上での例外を除き禁じられています．複製される場合は，そのつど事前に，出版者著作権管理機構（TEL：03-3513-6969，FAX：03-3513-6979，e-mail：info@jcopy.or.jp）の許諾を得てください．

ナノの本質 ナノサイエンスからナノテクノロジーまで

NANO: The Essentials

T. Pradeep [著]／木村啓作・八尾浩史・佐藤井一 [訳]

ナノサイエンスとナノテクノロジーの基礎教育用テキスト。ナノ研究に用いられる実験装置からナノの応用分野まで幅広い領域の話題を網羅しており，これ一冊で領域全体を理解することができる。巻末にはナノの発見と研究の歴史をまとめ，充実した用語解説も付されており，ナノテクノロジー・ナノサイエンス関連用語のハンドブックとしても有用。

第1部：序　論　ナノの背景（我々のもつ技術と我々の住む世界／他）
第2部：実験手法　ナノスケールでの材料研究と材料操作
第3部：ナノシステムの多様性　フラーレン／カーボンナノチューブ／自己組織化単分子膜／気相クラスター／半導体量子ドット／単分子膜保護金属ナノ粒子／コアシェル型ナノ粒子／ナノシェル
第4部：発展するナノの境界　ナノ生物学／ナノセンサー／ナノ医療／分子ナノマシン／ナノトライボロジー
第5部：社会とナノ　ナノサイエンスとナノテクノロジーの社会的意義
付　録：ナノサイエンスとナノテクノロジーの歴史／用語解説／索　引

◆菊判・上製本・534頁・定価（本体6,500円＋税）◆

ナノ構造の科学とナノテクノロジー 量子デバイスの基礎を学ぶために

Nanophysics and Nanotechnology: An Introduction to Modern Concepts in Nanoscience 2/e

Edward L. Wolf [著]

吉村雅満・目良　裕・重川美咲子・重川秀実 [訳]

原著は海外で評価の高い「ナノテクノロジー」，「ナノ物理」のテキストブックである。ナノスケールの世界で現れる量子効果を理解し活用するための基礎科学「ナノ物理」の概念を学ぶことを目的とし，ナノ物理の基礎から工学への応用までを網羅する。この邦訳版では，章末演習問題に略解を加え，読者の理解が深くなるように配慮した。第2章と第4章に設けた3つのコラムは，本書が「固体物理の入門書」にも使用できるようにと訳者が書き下ろした，邦訳版のみのオリジナルである。また，参考文献として，国内で手に入れることのできる和書の教科書を紹介する。

【主要目次】　物質を小さくすると／どこまで小さくできるか？／ナノの世界の量子性／量子効果の巨視的世界への影響／自然，および人工的な自己組織ナノ構造／物理的手法によるナノ構造の作製／磁性，電子と核のスピン，超伝導を基礎とした量子テクノロジー／シリコンナノエレクトロニクス，そしてその先へ／将来の展望／略語集／演習問題／演習問題の略解／物理定数／参考文献（和書）／索　引

◆B5判・並製本・294頁・定価（本体6,000円＋税）◆

http://www.kyoritsu-pub.co.jp/　共立出版　（価格は変更される場合がございます）

 https://www.facebook.com/kyoritsu.pub